Think Julia
如何像電腦科學家一樣思考

Think Julia
How to Think Like a Computer Scientist

Ben Lauwens & Allen B. Downey 著
楊新章 譯

O'REILLY

© 2019 GOTOP Information, Inc.
Authorized Chinese Complex translation of the English edition of Think Julia ISBN 9781492045038 © 2019 Allen B. Downey, Ben Lauwens.
This translation is published and sold by permission of O'Reilly Media, Inc., which owns or controls all rights to publish and sell the same.

For Emeline, Arnaud, and Tibo.

目錄

前言

2018 年 1 月時，我準備教授一門針對沒有程式設計經驗的學生的程式設計課程。當時我想使用 Julia，卻發現坊間沒有以 Julia 作為學習第一種程式語言的教科書。雖然確實有一些教學課程解釋了 Julia 的基本概念，但它們都沒有針對如何以程式設計師的角度來進行思考。

我讀過 Allen B. Downey 的著作《*Think Python*》，書中包括了學好程式設計的所有關鍵要素。然而此書是以 Python 為本的。我的講義最初的草稿是參考許多著作的融合版本，但是我發現課上得愈久，內容和《*Think Python*》的章節竟然愈來愈相似。不久，我便有了將此書改寫成 Julia 版本的念頭。

本書所有素材都是以 Jupyter 筆記本的方式放在 Github 上。當我在 Julia Discourse 網站上公布我的課程進度後，引起極為熱烈的反應。一本以 Julia 作為學習程式設計的第一種語言的書顯然彌補了 Julia 世界遺失的一環。我詢問 Allen 是否可以將《*Think Python*》正式改版為 Julia 時，他立即回覆："動手吧！"。他請我聯繫歐萊禮的編輯，一年後我終於完成了此書。

不過本書命運多舛。2018 年 8 月 Julia 1.0 版發行。和其他 Julia 的程式設計師一樣，我必須要更新我的程式碼。本書的所有範例在轉換為與歐萊禮相容的 AsciiDoc 檔案時，都已經重新進行測試。工具鏈（toolchain）和範例程式碼都必須與 Julia 1.0 版相符。還好 8 月不用上課⋯

我希望您閱讀此書時是一種享受，並期待您能學會如何像程式設計師一樣的寫程式及進行思考。

— *Ben Lauwens*

為什麼要使用 Julia？

Julia 在 2012 年由 Alan Edelman、Stefan Karpinski、Jeff Bezanson 和 Viral Shah 等人所推出。它是一種免費的開放原始碼（open source）程式語言。

程式語言的選擇是主觀的。對我而言，下列 Julia 的特性特別重要：

- Julia 是為了高效能運算所開發的。
- Julia 使用多重分派，讓設計師可以選擇適用於應用程式的樣式（pattern）。
- Julia 為動態型別語言，便於交談式的使用。
- Julia 的進階語法很容易學習。
- Julia 為可選型別程式語言，它的（使用者定義之）資料型別可以讓程式碼變得簡潔而且不容易出錯。
- Julia 擁有大量的標準程式庫與無數的第三方套件可使用。

Julia 是一種獨一無二的語言，因為它解決了所謂的“雙語言問題”。您不再需要另一種語言來解決高效能運算問題。這不代表一切都是自動自發的。程式設計師必須負責克服造成瓶頸的程式碼，不過在 Julia 中這是可以自動完成的。

本書適合誰閱讀？

本書適合所有想要學寫程式的人。無須任何正規的先備知識。

本書漸進式的介紹新的概念，在後面章節會介紹更進階的主題。

《*Think Julia*》可用在高中或大學階段一學期的課程。

本書編排慣例

本書使用的字型、字體慣例，如下所示：

斜體字（*Italic*）

代表新的術語、網址、電子郵件位址、檔案名稱及副檔名，中文用楷體字。

定寬字（`Constant width`）

用於程式列表、也用於內文中所提及的程式元素，例如變數或函數名稱、資料庫、資料型別、環境變數、敘述與關鍵字。

定寬粗體字（**`Constant width bold`**）

代表由使用者輸入的文字或其他指令。

定寬斜體字（*`Constant width italic`*）

代表應換成使用者提供的值，或根據前後文而決定的值。

這個圖示代表提示或建議。

這個圖示代表一般注意事項。

這個圖示代表警告或小心。

使用範例程式碼

本書所有程式碼都可在 GitHub 下載：（*https://github.com/BenLauwens/ThinkJulia.jl*）。Git 是用來追蹤專案中檔案版本的控制系統。在 Git 控制下的檔案集稱為“知識庫”。GitHub 是提供 Git 知識庫儲存空間與網頁介面的主機代管服務。

若要直接安裝 Julia 的便利包套件，只要在 REPL 的 Pkg 模式中輸入 **`add https://github.com/BenLauwens/ThinkJulia.jl`** 即可，請參見第 35 頁的"海龜"小節。

執行 Julia 最容易的方法就是造訪 *https://juliabox.com* 並開啟一個新的對話（session），它會同時提供 REPL 及筆記本介面。若想要在您的電腦安裝 Julia，可以從 Julia Computing 免費下載 JuliaPro （*https://juliacomputing.com/products/juliapro.html*）。它包含了最新版的 Julia、基於 Atom 的互動式開發環境 Juno，以及一些預載的 Julia 套件。若您更有冒險精神，可以從 *https://julialang.org* 下載 Julia、安裝您喜愛的編輯器（例如 Atom 或 Visual Studio Code）、並啟動整合 Julia 的外掛程式。若要安裝在您的電腦上，也可以安裝 `IJulia` 套件並在您電腦中執行 Jupyter 筆記本。

本書的目的是幫您完成工作。一般而言，您可以在程式中使用本書的範例程式碼和說明文件。您不用聯絡我們來獲得許可，除非您重製大部份的程式碼。例如，在您的程式使用本書中的數段程式碼並不需要獲得我們的許可，但是販售或散佈歐萊禮的範例光碟則必須獲得授權。引用本書或書中範例來回答問題不需要獲得許可，但在您的產品文件中使用大量的本書範例則應獲得許可。

我們會感謝，但不需要，您註明出處。一般出處說明包含書名、作者、出版商、與 ISBN。例如："*Think Julia* by Ben Lauwens and Allen B. Downey (O'Reilly). Copyright 2019 Allen B. Downey, Ben Lauwens, 978-1-492-04503-8"。

若您覺得對範例程式碼的使用已超過合理使用或上述許可範圍，請透過 *permissions@oreilly.com* 與我們聯繫。

致謝

真的十分感謝 Allen 撰寫了《*Think Python*》並允許我轉移為 Julia 版本。您的熱情感染了我。

我也要感謝本書的審查者，他們給了許多有用的建議：Tim Besard、Bart Janssens、和 David P. Sanders。

感謝歐萊禮的 Melissa Potter，她使得本書變得更好。督促我將事情做對並讓此書具有最大的獨創性。

感謝歐萊禮的 Matt Hacker，他幫我解決了 Atlas 工具鏈與語法突顯的問題。

感謝所有在本書早期一起努力的學生，和所有提出更正與建議的人士（如下列所示）。

貢獻者

如果您有任何的建議或訂正，請寄電子郵件至 *ben.lauwens@gmail.com* 或可於 GitHub 開啟一個討論議題（*https://github.com/BenLauwens/ThinkJulia.jl*）。若我依據您的回饋進行了修正，我會將您列在貢獻者中（除非您要求匿名）。

請告訴我您是使用哪一個版本的書以及其媒介。如果您同時告知出現錯誤的地方的部份文句，會讓我找尋起來更容易。雖然頁碼和章節編號也有幫助，不過它們不是那麼有用。謝謝！

- Scott Jones 指出 `Void` 已改為 `Nothing`，這啟動了本書轉移至 Julia 1.0 版的作業。
- Robin Deits 找到第 2 章的一些拼字錯誤。
- Mark Schmitz 建議進行語法突顯（highlighting）。
- Zigu Zhao 找出第 8 章的一些臭蟲。
- Oleg Soloviev 指出安裝 `ThinkJulia` 套件的網址錯誤。
- Aaron Ang 找到一些描述與命名問題。
- Sergey Volkov 指出第 7 章的某個連結已失效。
- Sean McAllister 建議書中提及一個優秀的套件 `BenchmarkTools`。
- Carlos Bolech 送給我一長串的訂正與建議。
- Krishna Kumar 訂正了第 18 章的馬可夫範例。

第一章

程式之道

本書的目標在於教導您像電腦科學家一樣思考。這種思考方式同時運用了來自數學、工程、和自然科學的一些最佳特性。電腦科學家和數學家一樣使用正規語言來表達概念（特別是計算）。他們像工程師一樣設計物品、將元件組合成系統並在多種可能性中評估得失。他們也像科學家一樣觀察一個複雜系統的行為後形成假說、並進行預測。

電腦科學家最重要的技能是**問題解決**（*problem solving*）。問題解決代表以系統化的方式闡述問題、以創意來思考解決方案、以及能清楚並且正確的表達解決方案。結果常常是讓學習程式的過程成為練習解題技巧的絕佳機會。這也是為何本章的標題是“程式之道”的原因。

在某個層面上，您會學到如何設計程式，而這技能原本就十分有用。在另一層面上，您會將程式設計當作是一種完成某件事情的方法。當我們繼續學習時，那件事情就會逐漸浮現。

何謂程式？

程式（*program*）就是說明如何執行運算之一連串指令（instruction）。這個運算可能與數學有關，例如解方程組或找出多項式的根。不過也可能是符號運算，例如搜尋並替換文件中的文字。又或是與圖形相關的，例如處理影像或播放影片。

不同的程式語言在細節上差異頗大，但所有語言仍然具有一些基本的指令類別：

輸入（*Input*）

從鍵盤、檔案、網路、或其他裝置取得資料。

輸出（*Output*）

在螢幕上顯示資料、將資料儲存於檔案、透過網路傳輸資料等。

數學運算（*Math*）

執行加、減法等基本數學運算。

條件化執行（*Conditional execution*）

檢查特定條件是否成立並執行適當之程式碼。

重複（*Repetition*）

重複的執行某動作，其用法通常具有不同的變化。

信不信由您，以上的類別就大概涵蓋全部的指令了。所有您曾經用過的程式，不論多麼複雜，都是由上面這些指令寫成的。所以您可以將程式設計想像成將一件複雜的工作拆解成一些小工作，再將這些小工作繼續拆解成更小的工作，直到它簡單到可以用上述的基本指令完成為止。

執行 Julia

開始使用 Julia 的挑戰之一為在您的電腦安裝它和其他相關軟體。如果您熟悉所使用的作業系統，尤其是命令行介面（command-line interface），那麼安裝 Julia 應該不困難。但對初學者而言，同時學習系統管理和程式設計可能會十分痛苦。

為了避免這個問題，我推薦您在瀏覽器上執行 Julia。當您比較熟悉 Julia 後，我會再針對 Julia 的安裝提出一些建議。

您可以在瀏覽器上使用 JuliaBox（*https://www.juliabox.com*）網站直接執行 Julia。並不需要安裝它－只要在瀏覽器上進行登入就可以開始運算（參見附錄 B）。

Julia *REPL*（Read–Eval–Print Loop）為一讀取並執行 Julia 程式碼的程式。您可以在 JuliaBox 中開啟一終端機並於命令行鍵入 `julia`。開始執行後，您會看到下面畫面：

```
               _
   _       _ _(_)_     |  Documentation: https://docs.julialang.org
  (_)     | (_) (_)    |
   _ _   _| |_  __ _   |  Type "?" for help, "]?" for Pkg help.
  | | | | | | |/ _` |  |
  | | |_| | | | (_| |  |  Version 1.1.0 (2019-01-21)
 _/ |\__'_|_|_|\__'_|  |  Official https://julialang.org/ release
|__/                   |

julia>
```

前面的幾行包含了 REPL 的相關資訊，您看到的可能會和這裏的不太一樣。不過您應該確認一下版本號碼至少要是 `1.0.0`。

最後一行是**命令提示符號**（*prompt*），告訴您 REPL 已經準備好讓您輸入指令了。如果您鍵入一行程式碼並按下 Enter 鍵，REPL 會顯示下列結果：

```
julia> 1 + 1
2
```

本書的程式碼片段皆可以逐字的複製與貼上，包括 `julia>` 提示符號以及任何輸出結果。

您現在已經準備好可以開始了。從現在起，我會假設您已經瞭解如何啟動 Julia REPL 和執行程式碼。

第一個程式

傳統上學習一個新的程式語言時所寫的第一個程式被稱為“Hello, World!”，因為它會在螢幕上顯示“Hello, World!”這些文字。在 Julia 中它長得像這樣：

```
julia> println("Hello, World!")
Hello, World!
```

這是**列印敘述**（*print statement*）的範例，雖然它並不會真的列印什麼東西到印表機，而是顯示在螢幕上。

程式中的雙引號標示出要顯示的文字的起點和終點，它們不會出現在輸出結果中。

小括號指出 `println` 是一個函數。我們在第 3 章中會再談到函數。

算術運算子

在“Hello, World!”程式後，下一步是算術運算。Julia 提供了**運算子**（*operator*）來表達像加法和乘法這類運算的符號。

運算子 `+`、`-`、和 `*` 會執行加法、減法、和乘法運算，如下面的範例所示：

```
julia> 40 + 2
42
julia> 43 - 1
42
julia> 6 * 7
42
```

運算子 `/` 則執行除法：

```
julia> 84 / 2
42.0
```

您可能會奇怪為何結果不是 `42` 而是 `42.0`？我會在下一節中解釋。

最後，運算子 `^` 會執行指數運算（exponentiation）；也就是將一數值開幾次方：

```
julia> 6^2 + 6
42
```

值與型別

值（*value*）是程式處理的基本事物之一，字母或數字就是例子。我們目前已經看過的值包括 `2`、`42.0`、和 `"Hello, World!"`。

這些值屬於不同的**型別**（*type*）：`2` 是**整數**（*integer*），`42.0` 是**浮點數**（*floating-point number*），而 `"Hello, World!"` 是**字串**（*string*），會這麼稱呼它是因為它是由字母所串起來構成的。

如果您不確定一個值的型別，REPL 可以告訴您：

```
julia> typeof(2)
Int64
julia> typeof(42.0)
Float64
julia> typeof("Hello, World!")
String
```

整數屬於型別 `Int64`，字串屬於 `String`，浮點數則屬於 `Float64`。

那麼像 `"2"` 和 `"42.0"` 這樣的數值又是如何呢？它們看來像數字，但又像字串一般被雙引號包圍。其實它們是字串：

```
julia> typeof("2")
String
julia> typeof("42.0")
String
```

當輸入一個大的整數時，您可能會習慣使用逗號來分隔數字群組，就像 `1,000,000` 這樣。在 Julia 中這不是合法的**整數**表示法，不過它仍然是合法的：

```
julia> 1,000,000
(1, 0, 0)
```

那完全不是我們所期待的結果！ Julia 將 `1,000,000` 看做是一連串由逗號分隔的整數。我們稍後會再學習到這類的序列。

您倒是可以用 `1_000_000` 來得到相似的效果。

正規與自然語言

自然語言（*natural language*）就是人類所說的語言，例如英文、西班牙文、和法文。它們並不是由人類所設計出來的（雖然人們試圖為它們加上某種秩序），而是自然演化而成的。

正規語言（*formal language*）則是人類為了特定應用所設計的語言。例如，數學的符號系統（notation）就是一種特別適合用以表達數字和符號間關係的正規語言。化學家使用正規語言來表達分子的化學結構。更重要的是，程式語言使用正規語言來表達運算。

正規語言會使用嚴格的**語法**（*syntax*）規則來管控敘述的結構。例如在數學上 3 + 3 = 6 是正確的語法，但 3 + = 3$6 不是。在化學中，$H_2O$ 為語法正確的化學式，但 $_2Zz$ 不是。

語法規則使用兩種調味料來組成敘述：**符記**（*token*）和**結構**（*structure*）。符記為語言的基本元素，例如文字、數字、和化學元素等。3 + = 3$6 的問題之一是 $ 不是數學的合法符記（根據我的認知）。同樣的，$_2Zz$ 也不合法，因為沒有元素的符號是 Zz。

語法規則的第二種類型涉及組合符記的方式。等式 3 + = 3 不合法，因為即使 + 和 = 是合法的符記，它們也不能接在一起出現。同樣在化學式中，下標總是出現在元素名稱後面，而不是前面。

This is @ well-structured Engli$h sentence with invalid t*kens in it.（這段文字結構正確但包含不合法的符記）。This sentence all valid tokens has, but invalid structure with.（這段文字使用合法的符記，但結構有問題）。

當您閱讀英文中的一句話或正規語言中的一個敘述時，您必須搞懂它的結構（雖然在自然語言中這通常是下意識完成的）。這個過程稱為**剖析**（*parsing*）。

雖然正規語言和自然語言具有很多共通的特性－符記、結構、和語法－它們還是有一些不同的：

歧義（*ambiguity*）

自然語言充滿著歧義，人們會利用前後文和其他資訊來處理歧義。正規語言的設計會盡量或完全避免歧義發生，亦即任何敘述都只有一種意涵，不論其前後文為何。

贅語（*redundancy*）

為了避免歧義與減少誤解，自然語言包含了不少贅語，使得文句過於冗長。正規語言較不會有贅語且較精簡。

生硬性（*literalness*）

自然語言充滿了俗語和隱喻。若我說“The penny dropped”（本句代表恍然大悟的意思），實際上大概不會真的有硬幣掉下來。正規語言則是望文生義。

由於我們生來便說著自然語言，有時要適應正規語言會有點困難。自然語言和正規語言間的差異就像詩詞和散文的差異一樣：

詩詞（*poetry*）

文字不只用於表達意義，也用於吟頌上。整體而言詩詞創造了效果或情感反應。贅語不但常見且被蓄意的使用。

散文（*prose*）

文字的字面意義更為重要，結構也對它的意義貢獻良多。散文比詩詞容易分析，不過仍然包含贅語。

程式（*program*）

電腦程式的意涵不包含任何歧義而且文即其義，並可以藉由符記與結構分析完全的瞭解其他的意義。

正規語言比自然語言更難懂，所以需要花更多時間來理解。此外，結構也很重要，所以由上到下、由左至右的讀法並不一定比較好。您要做的是在腦中剖析程式，找出其符記並解譯其結構。最後要注意的是細節很重要。拼字或標點符號的小錯在自然語言不會造成大礙，但在正規語言中會造成災難。

除錯

程式設計師會犯錯。由於某種離奇的原因，程式中的錯誤被稱為**臭蟲**（*bug*）。找出它們的過程則稱為**除錯**（*debugging*）。

程式設計，尤其是除錯，有時會引起強烈情緒反應。如果您正為一頑強的臭蟲而掙扎，你可能會感覺憤怒、沮喪或丟臉。

有證據證明人會像對待其他人一樣對待電腦。當它們表現好時，我們會認定它們是伙伴。當它們頑固難處時，我們會像對付頑固難處的人一樣對待它們。[1]

事先準備好面對這些反應可能有助於處理它們。其中一個作法是把電腦想像為一位具有某種長處（例如速度和精準度）以及弱點（例如缺乏同理心和無法看見大局）的員工。

您的工作是當一個好的主管：找出運用長處和降低弱點危害的方法。找出使用情緒來克服問題的方法，而不要讓情緒反應干涉了工作效率。

學習除錯可能會令人沮喪，但那是可以用在程式設計外的有用技能。在每一章的最後都有一節來說明我對除錯的建議。我希望對您有幫助！

1 Reeves, Byron, and Clifford Ivar Nass. 1996. "The Media Equation: How People Treat Computers, Television, and New Media Like Real People and Places." Chicago, IL: Center for the Study of Language and Information; New York: Cambridge University Press.

詞彙表

問題解決（*problem solving*）

列出問題、找出解答、並呈現解答的過程。

程式（*program*）

明確說明如何進行計算的一系列指令。

REPL

一個重複讀取輸入後執行、並輸出結果的程式。

提示符號（*prompt*）

REPL 所顯示的一組字元，用以表示它已準備好讀取使用者之輸入。

print 敘述（*print statement*）

一個讓 Julia REPL 在螢幕上顯示值的指令。

運算子（*operator*）

一個用以表達像加法、乘法、或字串連接等簡單計算的符號。

值（*value*）

程式所處理資料的基本單位，如數字或字串。

型別（*type*）

值的類別。目前我們已看過的型別包括整數（`Int64`）、浮點數（`Float64`）、和字串（`String`）。

整數（*integer*）

一種用來表達沒有小數的數字的型別。

浮點數（*floating-point*）

一種用來表達有小數的數字的型別。

字串（*string*）

一種用來表達一連串字元的型別。

自然語言（*natural language*）

任何一種由人類所使用且為自然演化而成的語言。

正規語言（*formal language*）

任何一種由人類為了特定目的（例如表達數學概念或電腦程式）而設計的語言。所有的程式語言都是正規語言。

語法（*syntax*）

用以管理程式結構的規則。

符記（*token*）

程式之語法結構之基本元素，可類比為自然語言之文字。

結構（*structure*）

符記組合的方式。

剖析（*parse*）

檢驗程式並分析其語法結構。

臭蟲（*bug*）

程式中的錯誤。

除錯（*debugging*）

找出並修正臭蟲的過程。

習題

在電腦前閱讀本書是一個好主意，因為您可以立即試作範例。

習題 1-1

當您試驗新的程式語言特點時，應該試著犯錯。例如，在"Hello, World!"程式中，試著看看如果您少打了一個雙引號會如何？如果兩個都沒有打呢？如果拼錯 `println` 呢？

這類的實驗能幫您記得您所讀的；它也能在設計程式時幫到您，因為您會知道錯誤訊息的含意。最好在現在故意犯錯，而不要等到稍晚不小心犯錯。

1. 在 print 敘述中，如果少了一個或二個括號會如何？
2. 若您要列印一字串，少了一個或二個雙引號會如何？
3. 您可以使用減號來表達負數，如 `-2`。那如果您在數字前放上加號呢？ `2++2` 會怎樣？
4. 在數學中，前置零是沒問題的，例如 `02`。您可以試試在 Julia 中會發生什麼事？
5. 如果您在兩個數值間沒有加入運算子會怎樣呢？

習題 1-2

啟動 Julia REPL 並用它來作為計算器。

1. 42 分 42 秒等於幾秒？
2. 10 公里（kilometer）等於幾英哩（mile）？注意一英哩等於 1.61 公里。
3. 如果您在 10 公里賽跑中跑出 37 分 48 秒的成績，您的平均配速（每英哩所花的時間）是多少？您的平均速度又是每小時多少英哩呢？

第二章

變數、運算式與敘述

程式語言最有力的特性之一是處理**變數**（*variable*）的能力。一個變數就是用來參照至某個值的名稱。

指定敘述

指定敘述（*assignment statement*）會建立一個新的變數並給它一個值：

```
julia> message = "And now for something completely different"
"And now for something completely different"
julia> n = 17
17
julia> π_val = 3.141592653589793
3.141592653589793
```

這個範例用了三次指定。第一次將一字串指定給名為 message 的變數。第二次將整數 17 指定給 n。第三次則將圓周率 π 的（近似）值指定給 π_val（**\pi TAB**）。

在紙上表達變數常用的方式是用一個箭頭從變數指向它的值。這種圖形稱為**狀態圖**（*state diagram*），因為它顯示了變數目前的狀態（可以把它看作是變數的心智狀態）。圖 2-1 顯示了上述範例的結果。

```
message ——→ "And now for something completely different"
      n ——→ 17
  π_val ——→ 3.141592653589793
```

圖 2-1　狀態圖

變數名稱

程式設計師一般會使用有意義的名稱來稱呼變數－它們可用來說明變數的用途。

變數名稱的長度不限。它們可以包含幾乎所有的萬國碼（Unicode）字元（參見第 93 頁的“字元”小節），不過不能以數字開頭。雖然使用大寫字母是合法的，但是傳統上變數名稱都只用小寫字母。

萬國碼字元可用類似 LaTeX 中的縮寫方式，以定位字元完成（tab completion）方式在 Julia REPL 中輸入。

底線字元 _ 可出現在變數名稱內。它通常用於包含多個文字的名稱內，例如 your_name 或 airspeed_of_unladen_swallow。

若您給變數一個不合法的名稱，會產生語法錯誤（syntax error）：

```
julia> 76trombones = "big parade"
ERROR: syntax: "76" is not a valid function argument name
julia> more@ = 1000000
ERROR: syntax: extra token "@" after end of expression
julia> struct = "Advanced Theoretical Zymurgy"
ERROR: syntax: unexpected "="
```

76trombones 並不合法，因為它的開頭是一個數字。more@ 也不合法，因為它包含一個不合法字元 @。不過 struct 是有什麼問題呢？

原來 struct 是 Julia 的一個**關鍵字**（*keyword*）。REPL 使用關鍵字來辨識程式的結構，因此它們不能被用於變數名稱。

Julia 的關鍵字如下：

```
abstract type   baremodule  begin     break     catch
const           continue    do        else      elseif
end             export      finally   for       false
function        global      if        import    in
let             local       macro     module    mutable struct
primitive type  quote       return    true      try
using           struct      where     while
```

您不須硬背這些字。在大多數的開發環境中，關鍵字會以不同顏色來顯示。一旦您想用它們來作為變數名稱時，您會知道它們是關鍵字的。

運算式與敘述

運算式（*expression*）是值、變數、和運算子的組合。值本身就是一個運算式，變數也是，所以下列所有的運算式都是合法的：

```
julia> 42
42
julia> n
17
julia> n + 25
42
```

當您在提示符號後輸入一個運算式時，REPL 會對它進行**賦值**（*evaluate*），也就是找出這個運算式的值。在這個範例中，n 的值是 17 而且 n + 25 的值為 42。

敘述（*statement*）是程式碼的單位，它會產生一些效果，例如建立變數或顯示一個值：

```
julia> n = 17
17
julia> println(n)
17
```

這裏的第一行為將一個值賦予 n 的指定敘述。第二行為列印敘述，用以顯示 n 的數值。

當您鍵入敘述時，REPL 會**執行**（*execute*）它，也就是它會做任何敘述所說的事。

腳本模式

直至目前為止我們都以**交談模式**（*interactive mode*）來執行 Julia，也就是您直接和 REPL 互動。交談模式在學習開始時很有用，不過隨著您寫的程式碼愈來愈長，它會變得笨手笨腳的。

另一種方式是將程式碼儲存至稱之為**腳本**（*script*）的檔案並以**腳本模式**（*script mode*）來執行 Julia。習慣上 Julia 的腳本檔名是以 *.jl* 結尾。

如果您知道如何在電腦上建立與執行腳本，那您已經準備好了。否則我會再一次推薦使用 JuliaBox。開啟一個文字檔、撰寫腳本、並將其存為一個延伸檔名為 *.jl* 的檔案。這個腳本可以在終端機中使用 **`Julia 腳本名稱 .jl`** 命令來執行。

由於 Julia 提供了兩種模式，您可以在進行腳本寫作前先以交談模式進行程式碼片段的測試。不過交談模式和腳本模式仍存在著令人混淆的差異。

舉例來說，如果您使用 Julia 作為計算器，您可能會鍵入：

```
julia> miles = 26.2
26.2
julia> miles * 1.61
42.182
```

第一行指定一個值給 miles 並顯示這個值。第二行為運算式，因此 REPL 對它進行賦值並顯示結果。結果顯示馬拉松賽跑的距離大約為 42 公里。

不過如果您將同樣的程式碼鍵入腳本並執行它，您不會得到任何的輸出。在腳本模式中運算式本身不會產生任何看得到的效果。Julia 是會對運算式進行賦值，但它不會顯示那數值，除非您告訴它要這麼做：

```
miles = 26.2
println(miles * 1.61)
```

這種行為一開始會造成混淆。

腳本通常包含一系列的敘述。如果有超過一個以上的敘述，結果會依敘述執行順序出現。

例如下列腳本：

```
println(1)
x = 2
println(x)
```

會輸出：

```
1
2
```

指定敘述不會產生輸出。

習題 2-1

為檢驗您所學，在 Julia REPL 鍵入下列敘述並觀察它們的結果：

```
5
x = 5
x + 1
```

現在將同樣的敘述放入腳本並執行它。結果為何？將每一敘述轉換為列印敘述再執行一次看看。

運算子優先順序

當運算式包含超過一個以上的運算子時，對其賦值的順序依**運算子優先順序**（*operator precedence*）而定。對於數學運算子而言，Julia 跟隨數學的傳統。縮寫 *PEMDAS* 讓您可以方便的記住這些規則：

- 括號（*P*arentheses）具有最高的優先順序，可被用來強制運算式依您所想要的順序進行賦值。由於括號內的運算式會優先運算，`2*(3-1)` 會是 `4`，且 `(1+1)^(5-2)` 會是 `8`。您也可以用括號來讓運算式較為易讀，如 `(minute * 100) / 60`，即使那不會對結果產生什麼變化。
- 指數（*E*xponentiation）具有次高優先順序，所以 `1+2^3` 會是 `9` 而不是 `27`，而 `2*3^2` 會是 `18` 而不是 `36`。
- 乘除（*M*ultiplication 和 *D*ivision）的優先順序高於加減（*A*ddition 和 *S*ubtraction）。所以 `2*3-1` 是 `5` 而不是 `4`，而 `6+4/2` 是 `8` 而不是 `5`。
- 具有同樣優先順序的運算子會由左至右進行賦值（除了指數）。所以運算式 `degrees / 2 * π` 會先進行除法後其結果再乘上 π。如果是要除以 2π 您可以使用括號，或寫成 `degrees / 2 / π` 或 `degrees / 2π`。

我不會刻意的去記運算子的優先順序。如果我一時無法判定其優先順序，我會使用括號來讓它變明確。

字串運算

一般而言，您不能在字串上執行數學運算，即使字串看來像是數字。所以下列的運算是不合法的：

```
"2" - "1"    "eggs" / "easy"    "third" + "a charm"
```

不過有兩個例外，`*` 和 `^`。

* 運算子執行**字串連接**（*string concatenation*），也就是將兩字串頭尾相連。例如：

```
julia> first_str = "throat"
"throat"
julia> second_str = "warbler"
"warbler"
julia> first_str * second_str
"throatwarbler"
```

^ 運算子也可以運作在字串上，用以表達重複。例如 "Spam"^3 的結果是 "SpamSpamSpam"。如果其中一個值是字串，另一個必須是整數。

* 和 ^ 可類比成乘法和指數運算。就像 4^3 等於 4*4*4 一樣，我們也期待 "Spam"^3 會和 "Spam"*"Spam"*"Spam" 相同，也真的如此。

註解

當程式愈來愈大愈來愈複雜時，它們也會愈來愈難讀。正規語言有時是很難讀的，我們常常無法只看一段程式碼就知道它在做什麼，或者為何那麼做。

基於這個原因，在程式中加上以自然語言來解釋程式作為的註記會是一個好主意。這些註記被稱為**註解**（*comment*），它們以 # 符號開頭：

```
# 計算花費的時數百分比
percentage = (minute * 100) / 60
```

在此案例中，註解自成一行。您也可以在一行的尾端加進註解：

```
percentage = (minute * 100) / 60    # 時數百分比
```

任何在 # 之後一直到這一行結尾之間的字元都會被忽略－它們不會對程式的執行產生影響。

註解最有用的地方是用在解釋程式碼中的不明顯特點。我們可以合理假設讀者知道程式碼在**做什麼**，不過更有用的是解釋**為何這樣做**。

以下這個註解和程式碼意義重複所以沒什麼用：

```
v = 5   # 將5指定給v
```

以下這個註解則包含了從程式碼看不出來的有用資訊：

```
v = 5   # 速度，單位為公尺/秒
```

好的變數名稱可以降低使用註解的需求，不過太長的名稱會使得複雜的運算式變得難讀，所以要進行取捨。

除錯

程式會發生三種錯誤：語法錯誤、執行錯誤、以及語意錯誤。知道如何分辨它們可以讓我們更快找出它們：

語法錯誤（*syntax error*）

“語法” 是指程式的結構以及這些結構之規則。例如括號一定要成對出現，所以 `(1 + 2)` 是合法的，但 `8)` 就是語法錯誤。

若您的程式中發生語法錯誤，Julia 會顯示錯誤訊息並結束程式的執行，故您無法執行該程式。在您程式設計生涯的前幾週，您可能會花許多時間在找出語法錯誤。當您經驗累積後，您犯錯次數會變少且會更快的找到它們。

執行錯誤（*runtime error*）

第二種錯誤叫做執行錯誤，會這麼稱呼是因為它們只在程式開始執行後才會出現。這類錯誤也被稱為例外（*exception*），因為它們指出某種（不好的）例外狀況已經發生。

執行錯誤在本書前幾章的簡單程式中極少出現，所以可能要再一陣子您才會碰到一個。

語意錯誤（*semantic error*）

第三種錯誤為“語意”錯誤，代表和意涵相關。若程式出現語意錯誤，它還是會執行且不會產生任何錯誤訊息，不過執行結果卻是不正確的。它其實是在做其他的事，那些您告訴它要做的事。

找出語意錯誤可能十分困難，因為那需要藉由程式的輸出進行反推並試圖找出它在做什麼。

詞彙表

變數（*variable*）
: 用以參照一個值的名稱。

指定（*assignment*）
: 將值指定給變數的敘述。

狀態圖（*state diagram*）
: 描繪一組變數它所參照之值的圖形化表示法。

關鍵字（*keyword*）
: 用以剖析程式的保留字；您不能使用如 `if`、`function` 和 `while` 等關鍵字作為變數名稱。

運算式（*expression*）
: 由變數、運算子、和值所構成的組合，用以表達一結果。

賦值（*evaluate*）
: 藉由執行運算式中的運算來簡化運算式並產出一個值。

敘述（*statement*）
: 用以表達命令或動作之程式片段。目前我們已看過的敘述包括指定與列印敘述。

執行（*execute*）
: 進行敘述所說的事。

交談模式（*interactive mode*）
: 藉由在 Julia REPL 之提示符號後鍵入程式碼來使用 Julia 的方式。

腳本模式（*script mode*）
: 藉由讀取腳本來執行 Julia 的方式。

腳本（*script*）
: 儲存於檔案中的程式。

運算子優先順序（*operator precedence*）

對於包含多個數學運算子的運算式，用來管理它的運算子的賦值順序的規則。

連接（*concatenate*）

將兩個字串頭尾相連。

註解（*comment*）

程式中用來給其他設計師（或任何讀程式碼的人）的資訊，它不會影響程式的執行。

語法錯誤（*syntax error*）

一種程式錯誤，會使得程式無法被剖析（導致不可能執行）。

執行錯誤（*runtime error*）**或例外**（*exception*）

程式執行時發生的錯誤。

語意（*semantics*）

程式的意涵。

語意錯誤（*semantic error*）

一種程式錯誤，會使得它去做程式設計師料想之外的事。

習題

習題 2-2

重複我在前一章的建議，也就是當您學到一個新的特點時，應該在交談模式下試試看並故意犯錯看看會有什麼結果。

1. 我們已看到 `n = 42` 為合法的。那麼 `42 = n` 呢？
2. `x = y = 1` 又如何？
3. 某些程式語言中敘述會以分號 `;` 結尾。如果在 Julia 的敘述後放分號會如何呢？
4. 如果在敘述結尾放上句點 `.` 又會如何？
5. 在數學表示法中您可以將 `x` 乘 `y` 表達為 `xy`。在 Julia 中如果這樣表示會怎樣？那 `5x` 呢？

習題 2-3

將 Julia REPL 當作計算器來練習：

1. 一個半徑為 r 之球體的體積為 $\frac{4}{3}\pi r^3$。那半徑為 5 之球體的體積為何？
2. 假設一本書的標價為 24.95 元，但書店採購時可以打 6 折。第一本書的運費是 3 元，其後每一本運費為 0.75 元。則採購 60 本書的總價為何？
3. 如果我在早上 6:52 離家慢跑，先用每英哩 8 分 15 秒的慢速跑 1 英哩，再用每英哩 7 分 12 秒的中速跑 3 英哩，而後再用慢速跑 1 英哩。請問我何時會回到家吃早餐？

第三章

函數

在程式設計範疇中，**函數**（*function*）為具有名稱的一系列敘述，用以執行一種計算。當您定義函數時會設定它的名稱和它所包含的一系列敘述。其後您便能用它的名稱"呼叫"它。

函數呼叫

我們已經看過函數呼叫的範例：

```
julia> println("Hello, World!")
Hello, World!
```

println 就是此函數的名稱。在括號內的運算式稱為此函數的**引數**（*argument*）。

我們常會說函數"接受（take）"引數並"傳回（return）"結果。這個結果也被稱為**傳回值**（*return value*）。

Julia 提供了用來將值轉換為其他型別的函數。parse 函數接受字串並將其轉換為任何合適的數字型別，無法轉換時會傳出警告訊息：

```
julia> parse(Int64, "32")
32
julia> parse(Float64, "3.14159")
3.14159
julia> parse(Int64, "Hello")
ERROR: ArgumentError: invalid base 10 digit 'H' in "Hello"
```

trunc 函數可將浮點數轉換為整數，但不是四捨五入，而是直接切除小數部份：

```
julia> trunc(Int64, 3.99999)
3
julia> trunc(Int64, -2.3)
-2
```

float 函數會將整數轉換為浮點數：

```
julia> float(32)
32.0
```

最後，string 函數則將它的引數轉換為字串：

```
julia> string(32)
"32"
julia> string(3.14159)
"3.14159"
```

數學函數

在 Julia 中，大部份我們熟知的數學函數都可以使用。以下的範例使用 log10 函數來計算以分貝（decibel）為單位之訊噪比（signal-to-noise ratio）（在此假設 signal_power 和 noise_power 皆已定義）。Julia 也提供了計算自然對數的 log 函數：

```
ratio = signal_power / noise_power
decibels = 10 * log10(ratio)
```

下個範例會找出 radians 之正弦（sine）值。此變數的名稱提醒我們 sin 和其他的三角函數（cos、tan 等）的引數是以弳度（radian）為單位：

```
radians = 0.7
height = sin(radians)
```

要將度數（degree）轉換為弳度，把它除以 180 並乘上 π：

```
julia> degrees = 45
45
julia> radians = degrees / 180 * π
0.7853981633974483
julia> sin(radians)
0.7071067811865475
```

變數 π 的值是圓周率 π 的浮點數近似值，精確到小數點後 16 位。

如果您熟悉三角函數，您可以比較前面的結果和 2 的平方根除以 2：

```
julia> sqrt(2) / 2
0.7071067811865476
```

合成

目前為止我們已分別看過程式的要素－變數、運算式、和敘述－但還沒有說到怎麼組合它們。

程式語言最有用的特點之一是它擁有可以把小磚塊組合成大建築的能力。例如，函數的引數可以是任何形式的運算式，包含算術運算子：

```
x = sin(degrees / 360 * 2 * π)
```

甚至是函數呼叫：

```
x = exp(log(x+1))
```

幾乎在任何可以放值的地方都可以放入任何運算式，除了一個例外情況：指定敘述的等號左邊只能放變數名稱。稍後我們會看到一些例外，不過目前把運算式放在等號左邊都會產生語法錯誤：

```
julia> minutes = hours * 60 # 正確
120
julia> hours * 60 = minutes # 錯誤！
ERROR: syntax: "60" is not a valid function argument name
```

新增函數

目前為止我們都只用 Julia 所提供的函數，但我們也可以自己增加新的函數。**函數定義**（*function definition*）除了設定它的名稱外，也包含當函數被呼叫時會被執行的一系列敘述。以下是一個範例：

```
function printlyrics()
    println("I'm a lumberjack, and I'm okay.")
    println("I sleep all night and I work all day.")
end
```

function 是一個關鍵字，代表這裏是一個函數定義。函數的名稱為 printlyrics。函數名稱的構成規則和變數名稱一樣：它們可以包含幾乎所有的萬國碼字元（參見第 93 頁的“字元”小節），不過第一個字元不能是數字。您也不能使用關鍵字作為函數名稱，而且也應該避免讓變數和函數使用同樣的名稱。

函數名稱後的空括號指出這個函數不接受任何引數。

函數定義的第一行被稱為**標頭**（*header*），其他的部份被稱為**本體**（*body*）。本體以關鍵字 end 結束，且可以包含任意數量的敘述。為了可讀性，函數本體應進行縮排（indent）。

雙引號必須是像這種 " 直引號（strait quote）"，通常位於鍵盤 Enter 鍵的旁邊。像這種文句中所使用的“彎引號（curly quote）”在 Julia 中是不合法的。

如果您在交談模式下鍵入一個函數名稱，REPL 會進行縮排以讓您知道函數定義尚未完成：

```
julia> function printlyrics()
       println("I'm a lumberjack, and I'm okay.")
```

要結束函數的定義，您必須輸入 end。

呼叫新函數的語法和呼叫內建函數相同：

```
julia> printlyrics()
I'm a lumberjack, and I'm okay.
I sleep all night and I work all day.
```

一旦您定義完函數後，您可以將它用於其他函數中。例如，要重彈上面的老調，我們可以寫一個叫做 repeatlyrics 的函數：

```
function repeatlyrics()
    printlyrics()
    printlyrics()
end
```

然後再呼叫 repeatlyrics：

```
julia> repeatlyrics()
I'm a lumberjack, and I'm okay.
I sleep all night and I work all day.
I'm a lumberjack, and I'm okay.
I sleep all night and I work all day.
```

不過那首歌不是真的那麼唱的。

定義與用法

將上一節的程式碼片段兜在一起，整個程式看來會像這樣：

```
function printlyrics()
    println("I'm a lumberjack, and I'm okay.")
    println("I sleep all night and I work all day.")
end

function repeatlyrics()
    printlyrics()
    printlyrics()
end

repeatlyrics()
```

這個程式包含二個函數定義：`printlyrics` 和 `repeatlyrics`。函數定義會像其他敘述一樣被執行，但其效果是建立**函數物件**（*function object*）。函數內的敘述會在函數被呼叫後才會被執行，而且函數定義本身不會產生輸出。

就如您所預期的，您必須在執行函數前先建立它。也就是說，必須先執行函數定義後才能呼叫此函數。

習題 3-1

將此程式的最後一行移至最前面，讓函數呼叫出現在定義之前。執行程式並看看您得到的錯誤訊息。

然後再將函數呼叫移回最後並將 `printlyrics` 的定義放在 `repeatlyrics` 之後。執行程式時會發生什麼事呢？

執行流程

為了確保函數定義出現在它的第一次使用之前，您必須知道敘述執行的順序，在此稱為**執行流程**（*flow of execution*）。

程式之執行永遠由第一個敘述開始。由上到下，一次執行一個敘述。

函數定義不會改變程式的執行流程，不過請記住函數中的敘述會在這個函數被呼叫後才會被執行。

函數呼叫就像是執行流程在繞路一樣。原先是要繼續執行下一個敘述，現在被取代成繞路到函數的本體，執行那裏的敘述後再回到原來離開之處繼續執行。

這聽來還蠻簡單的，不過那是在您想到一個函數還可以呼叫另一個函數之前。常常是程式執行到一個函數的中間時，可能又需要去呼叫另一個函數。然後在執行這個新函數時，程式可能又需要呼叫另一個函數！

還好 Julia 頗善於記錄目前的位置，所以每當函數完成時，程式會回到呼叫這個函數前的位置。當到達程式的結尾時，程式就會結束。

總之，當您閱讀程式時，應該不會想要從頭讀到尾。有時跟隨程式的執行流程會更有意義。

參數與引數

之前看過的某些函數需要引數。例如當您呼叫 sin 函數時您必須傳入數字作為引數。某些函數會接受超過一個引數，例如 parse 會接受兩個引數，其中一個是數字型別、另一個是字串。

在函數中，引數會被指定給稱為**參數**（*parameter*）的變數。下面是一個接受引數的函數定義：

```
function printtwice(bruce)
    println(bruce)
    println(bruce)
end
```

這個函數將引數指定給名稱為 bruce 的參數。當此函數被呼叫時，它會將參數的數值列印二次（不論那是什麼）。

這個函數可用於任何可列印的值：

```
julia> printtwice("Spam")
Spam
Spam
julia> printtwice(42)
42
```

```
42
julia> printtwice(π)
π = 3.1415926535897...
π = 3.1415926535897...
```

用於內建函數的合成規則也適用於自訂函數，所以我們可以在 printtwice 中使用任何種類的運算式作為引數：

```
julia> printtwice("Spam "^4)
Spam Spam Spam Spam
Spam Spam Spam Spam
julia> printtwice(cos(π))
-1.0
-1.0
```

引數在函數呼叫前便會進行賦值，所以在這些範例中運算式 "Spam "^4 和 cos(π) 都只會被賦值一次。

您也可以使用變數作為引數：

```
julia> michael = "Eric, the half a bee."
"Eric, the half a bee."
julia> printtwice(michael)
Eric, the half a bee.
Eric, the half a bee.
```

我們傳入作為引數的變數名稱（michael）和參數名稱（bruce）一點關係都沒有。呼叫者用什麼名稱來呼叫都不重要。在 printtwice 中，我們用 bruce 來稱呼所有的人。

變數與參數是區域性的

當您在函數內建立一個變數時，它是**區域**（*local*）的，代表它只存在於函數的內部。例如：

```
function cattwice(part1, part2)
    concat = part1 * part2
    printtwice(concat)
end
```

這個函數會接受兩個引數再連接它們，並將結果列印二次。使用它的範例如下：

```
julia> line1 = "Bing tiddle "
"Bing tiddle "
julia> line2 = "tiddle bang."
```

```
"tiddle bang."
julia> cattwice(line1, line2)
Bing tiddle tiddle bang.
Bing tiddle tiddle bang.
```

當 cattwice 終止後，變數 concat 便會被消除。若我們嘗試列印它，會造成例外：

```
julia> println(concat)
ERROR: UndefVarError: concat not defined
```

參數也是區域性的。例如，在 printtwice 之外，不存在 bruce 這種東西。

堆疊圖

為了記錄變數之可用時間，有時畫出**堆疊圖**（*stack diagram*）是很有用的。就像狀態圖一樣，堆疊圖顯示了每個變數的值，不過它也同時顯示了每個變數所隸屬的函數。

每一個函數都被表達為**框架**（*frame*）。框架是一個方格，它的旁邊放著函數名稱，裏面則是參數與變數名稱。上一個範例的堆疊圖如圖 3-1 所示。

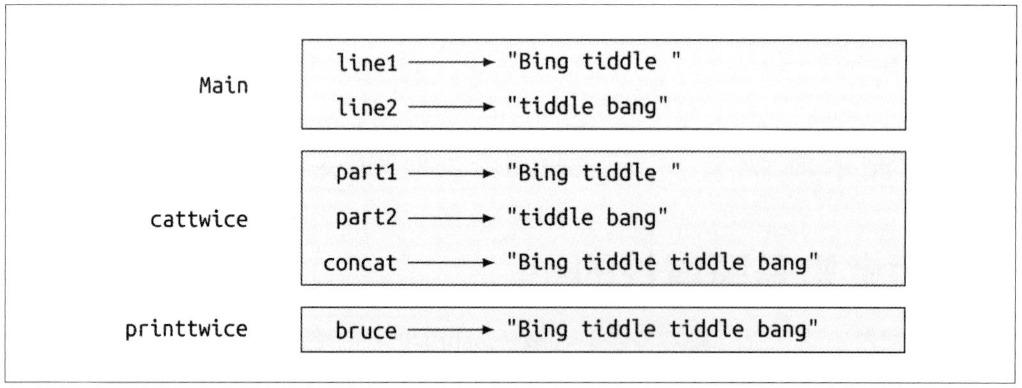

圖 3-1　堆疊圖

框架會被排成一個堆疊以說明是哪個函數呼叫哪個函數。在這個範例中，printtwice 被 cattwice 呼叫，而 cattwice 又被 Main 呼叫。Main 是用來表達最高層框架的特別名稱。當您在任一函數外建立變數時，它會隸屬於 Main。

每一個參數和它所對應之引數參照至同一個值。因此 part1 和 line1 具有同樣的值，part2 和 line2 具有同樣的值，而且 bruce 和 concat 也具有同樣的值。

如果呼叫函數時發生錯誤，Julia 會印出這個函數的名稱、呼叫它的函數的名稱、呼叫呼叫它的函數的名稱⋯一路到 Main 為止。

例如，如果您嘗試從 printtwice 存取 concat，會得到 UndefVarError 錯誤：

```
ERROR: UndefVarError: concat not defined
Stacktrace:
 [1] printtwice at ./REPL[1]:2 [inlined]
 [2] cattwice(::String, ::String) at ./REPL[2]:3
```

這一串函數被稱為**堆疊追蹤**（*stacktrace*）。它告訴您錯誤發生在那個程式檔的哪一行，還有那時正在執行哪個函數。它也會顯示造成錯誤的那行程式碼。

在堆疊追蹤中的函數顯示順序和堆疊圖中的順序相反。目前正在執行的函數會顯示在最上面。

結果函數與虛無函數

某些我們用過的函數（例如數學函數）會傳回結果。由於沒有更適當的名稱，在此我把它們稱為**結果函數**（*fruitful function*）。其他的函數，例如 printtwice，會進行某些運算但不會傳回值。它們則被稱為**虛無函數**（*void function*）。

當您呼叫結果函數時，您總是會想要處理一下傳回值。例如，您可能會想要將它指定給一個變數或把它當作運算式的一部份：

```
x = cos(radians)
golden = (sqrt(5) + 1) / 2
```

當您在交談模式中呼叫函數，Julia 會顯示其結果：

```
julia> sqrt(5)
2.23606797749979
```

但在腳本中，如果您單純呼叫結果函數，它的傳回值會永遠消失！

```
sqrt(5)
```

這個腳本會計算 5 的平方根，但由於它沒有被儲存或列印，這個動作其實是沒有用的。

虛無函數可能會在螢幕上顯示一些訊息或產生某些效果，但它們沒有傳回值。如果您將其結果指定給一個變數，會得到一個稱為 nothing 的特殊值：

```
julia> result = printtwice("Bing")
Bing
Bing
julia> show(result)
nothing
```

要列印 nothing 這個值，您必須使用 show 函數，它和 print 相似但可以處理這個特殊數值。

nothing 這個值和字串 "nothing" 並不相同。它是一個具有自己型別的特殊值：

```
julia> typeof(nothing)
Nothing
```

到目前為止我們所寫的函數都是虛無函數。接下來幾章我們會開始寫結果函數。

為何要使用函數？

您可能不是很清楚為何要這麼麻煩的將程式切割成函數。有幾個理由：

- 建立新函數讓您有機會可以對一組敘述命名，這會使得程式更容易閱讀和除錯。
- 函數可以消除重複的程式碼而讓程式變小。稍後如果要修改它，您只需要改一個地方即可。
- 將長程式切成函數讓您可以一次針對一個部份除錯，然後最後再組成完整可行的程式。
- 寫得好的函數對許多程式都是有用的。一旦完成撰寫與除錯，您可以重複使用它。
- 在 Julia 中，函數可以大幅改善效能。

除錯

除錯是您所需要的最重要技能之一。雖然過程常令人沮喪，除錯仍是程式設計中最需要智能、最具有挑戰性、與最有趣的部份。

在某些層面上除錯就像是偵探工作一樣，您會面對線索並對其產生流程與事件進行推理。

除錯也像是科學實驗。一旦對為何出錯有了想法，您會修正程式並再試一次。如果您的假說是正確的，修正之後的結果的確符合預期，那就又往正確的程式前進一步。如果假說是錯的，您必須再設想一個新的假說。就如福爾摩斯所指出的，

> 當您刪除所有不可能性之後，不論剩下什麼，不論多不可能，都一定是事實。
>
> — 柯南道爾，四簽名

對某些人而言，程式設計和除錯是同一回事。也就是說，程式設計就是持續的除錯，直至程式做您所想要做的事為止。概念是您應該先由可行的程式開始，進行小幅度修正，同時進行除錯。

舉例而言，Linux 是個由數百萬行程式碼所寫成的作業系統，但它一開始時只是 Linus Torvalds 用來探索 Intel 80386 晶片的一個簡單程式。根據 Larry Greenfield 在《*Linux* 使用指南》（測試 1 版）中所言，“Linus 最早的專案之一是一個可以在列印 AAAA 和 BBBB 間進行切換的程式，這東西後來衍生出 Linux”。

詞彙表

函數（*function*）

執行某種有用運算之命名敘述序列。函數可以接受也可以不接受引數，而且可以產出結果也可以不產出結果。

函數呼叫（*function call*）

用來執行函數的一個敘述。它包含了所要執行的函數名稱，後面跟著列於括號內之引數串列。

引數（*argument*）

當函數被呼叫時提供給函數的值。這些值會被指定給函數中對應的參數。

傳回值（*return value*）

函數的結果。如果函數呼叫被用作運算式，該運算式的值就是它的傳回值。

合成（*composition*）

使用運算式作為更大運算式的一部份，或使用敘述作為更大敘述的一部份。

函數定義（*function definition*）

用來建立新函數的敘述，包含指名函數的名稱、參數、以及函數所包含之敘述。

標頭（*header*）

函數定義的第一行。

本體（*body*）

函數定義內部的一連串敘述。

函數物件（*function object*）

函數定義時所建立的值。函數名稱為參照函數物件的變數。

執行流程（*flow of execution*）

執行敘述的順序。

參數（*parameter*）

用於函數內部的名稱，參照至所傳入的引數的值。

區域變數（*local variable*）

在函數內部定義的變數。區域變數只能在它的函數中使用。

堆疊圖（*stack diagram*）

一種堆疊圖形，用以表示函數、它的變數、以及變數所參照的值。

框架（*frame*）

堆疊圖內的方格，用以代表一函數呼叫。它包含函數的區域變數和參數。

堆疊追蹤（*stacktrace*）

當錯誤發生時所列印出來的一連串執行中的函數。

結果函數（*fruitful function*）

會傳回值的函數。

虛無函數（*void function*）

不會傳回值的函數。

nothing

由虛無函數所傳回的特殊值。

習題

以下習題只能用目前所介紹的敘述和特性來完成。

習題 3-2

寫一個名稱為 **rightjustify** 的函數，它接受名稱為 **s** 的字串作為參數後，會加入適當數量的空白以使列印結果向右對齊第 70 行：

```
julia> rightjustify("monty")
                                                                 monty
```

您可以使用字串連接和字串重複。此外，Julia 提供了一個稱為 `length` 的內建函數來傳回字串的長度。所以 `length("monty")` 的值為 5。

習題 3-3

函數物件為一個可以指定給變數或傳遞為引數的值。例如，**dotwice** 函數會接受函數物件為引數並呼叫它兩次：

```
function dotwice(f)
    f()
    f()
end
```

以下是使用 **dotwice** 來呼叫名稱為 **printspam** 的函數兩次的範例：

```
function printspam()
    println("spam")
end

dotwice(printspam)
```

1. 將這個範例輸入為腳本並測試它。
2. 修改 `dotwice` 讓它接受兩個引數，包含一個函數物件和一個值，並且呼叫那函數兩次，然後將那個值傳遞為那個函數的引數。
3. 複製本章前面的 `printtwice` 函數的定義到您的腳本中。
4. 使用修改後的 `dotwice` 函數來呼叫 `printtwice` 兩次，並傳遞 `"spam"` 作為引數。
5. 定義一名稱為 `dofour` 的新函數，它接受兩個引數，包含一個函數物件與一個值，再呼叫那函數四次且將那值傳遞為這個函數的引數。所寫的這個函數應該只包含兩個敘述而不是四個。

習題 3-4

1. 寫一個可以畫出下列格柵的函數 `printgrid`：

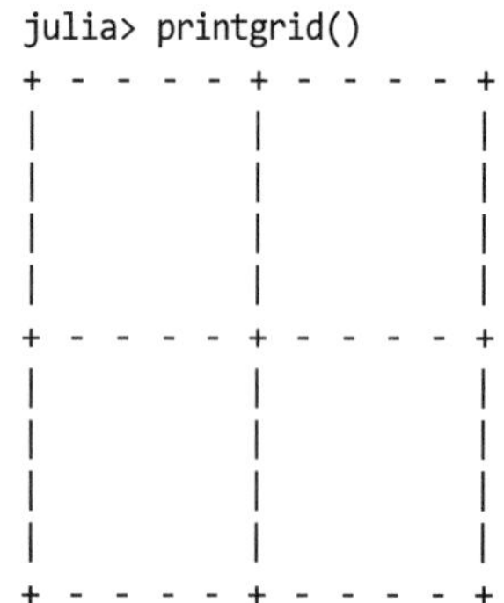

```
julia> printgrid()
+ - - - - + - - - - +
|         |         |
|         |         |
|         |         |
|         |         |
+ - - - - + - - - - +
|         |         |
|         |         |
|         |         |
|         |         |
+ - - - - + - - - - +
```

2. 寫一個函數來畫出和上面類似，具有 4 列和 4 行的格柵。

來源：本習題是由 Steve Oualline 所著之《*Practical C Programming*》的習題修正而來。

要在一行內列印超過一個數值，您可以用逗號區隔這些數值：

```
println("+", "-")
```

`print` 函數不會進行換行：

```
print("+ ")
println("-")
```

這些敘述的輸出是位於同一行之 `"+ -"`。下一個列印敘述的輸出將從下一行開始。

第四章

案例探討：介面設計

本章將呈現一個案例探討來展示如何設計一起工作的函數之流程。

本章會介紹海龜繪圖，這是一種用來建立程式圖形的方法。海龜繪圖並沒有被包括在標準程式庫中。要使用它您必須在 Julia 中安裝 `ThinkJulia` 模組。

本章的範例可以在 JuliaBox 的繪圖筆記本中執行。它可以把程式碼、排版文字、數學、以及多媒體結合在同一個檔案中（參見附錄 B）。

海龜

模組（*module*）是一個包含了一組相關函數的檔案。Julia 在它的標準程式庫中提供了一些模組。更多的功能可以從日益成長的**套件**（*package*）集（*https://juliaobserver.com*）中加入。

套件可以在 REPL 中進入 Pkg REPL 模式安裝。按一下] 鍵並使用 `add` 命令：

```
(v1.0) pkg> add https://github.com/BenLauwens/ThinkJulia.jl
```

這可能要花些時間。

在我們可以使用模組裏的函數前，我們必須先使用 ***using* 敘述**（*using statement*）來匯入它：

```
julia> using ThinkJulia

julia> 🐢 = Turtle()
Luxor.Turtle(0.0, 0.0, true, 0.0, (0.0, 0.0, 0.0))
```

ThinkJulia 模組提供一個稱為 Turtle 的函數來建立 Luxor.Turtle 物件，我們將它指定給名稱為 🐢（**\:turtle: TAB**）的變數。

當您建立海龜後，您可以呼叫函數來移動它。例如，若要將它向前移：

```
@svg begin
    forward(🐢, 100)
end
```

@svg 關鍵字會執行巨集來畫出一張 SVG 圖形（圖 4-1）。巨集是 Julia 中重要但是比較進階的特性。

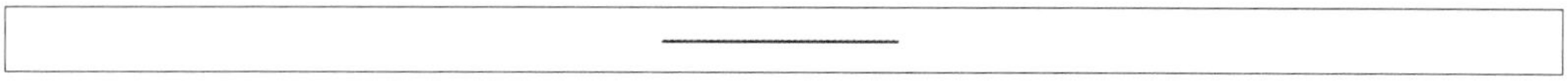

圖 4-1　讓海龜往前移動

forward 的引數為海龜和以像素為單位的距離，因此畫出來的線的實際大小和您的顯示器有關。

每一隻海龜都握著一支筆，不是提起就是放下；如果筆是放下的（預設值），當海龜移動時會留下軌跡。圖 4-1 顯示了海龜所留下的軌跡。要不留痕跡的移動海龜，則先呼叫 penup 函數。要再開始畫線時則呼叫 pendown 函數。

另一個可用海龜作為引數的函數是用來轉彎的 turn。turn 的第二個引數是一個以度為單位的角度。

要畫一個直角，改一下巨集呼叫：

```
🐢 = Turtle()
@svg begin
    forward(🐢, 100)
    turn(🐢, -90)
    forward(🐢, 100)
end
```

習題 4-1

現在修改上面的巨集來畫一個正方形。完成這個習題再繼續往下讀！

簡單重複

有時您會寫出像下面這樣的程式碼：

```
🐢 = Turtle()
@svg begin
    forward(🐢, 100)
    turn(🐢, -90)
    forward(🐢, 100)
    turn(🐢, -90)
    forward(🐢, 100)
    turn(🐢, -90)
    forward(🐢, 100)
end
```

我們可以使用 for 敘述來更精簡的完成同樣的事：

```
julia> for i in 1:4
          println("Hello!")
       end
Hello!
Hello!
Hello!
Hello!
```

這是 for 敘述的最簡單運用；我們稍後會再看到更多。不過這應該足夠讓您重寫畫正方形程式。做完再繼續。

以下是畫正方形的 for 敘述。

```
🐢 = Turtle()
@svg begin
    for i in 1:4
        forward(🐢, 100)
        turn(🐢, -90)
    end
end
```

for 敘述的語法和函數定義相似。它有一個標頭和本體，並以 end 關鍵字結束。本體可以包含任意數量的敘述。

for 敘述亦被稱為**迴圈**（*loop*），因為執行流程會經過整個本體後回到頂端。在此案例中，它執行了本體 4 次。

其實這個版本和之前的畫正方形程式碼有點不同，因為它在畫完最後一個邊後又轉了一個彎。那多轉的彎會浪費一些時間，但是這樣可以簡化程式碼，因為我們是利用迴圈來做同樣的事。本版本還可以讓海龜回到開始地點並面向一開始時的方向。

習題

接下來是一系列運用海龜的練習。它們的用意是要讓您覺得有趣，不過也是有意義的。當您在練習時，思考一下它的重點在哪裏。

下面的章節包含了這些習題的解答，所以在完成（或至少試過）習題前先不要看。

習題 4-2

寫一個名為 square 的函數，它會接受名稱為 t、代表海龜的參數。這個函數應使用海龜來畫出一個正方形。

習題 4-3

寫一個函數呼叫，將 t 傳入 square 作為引數，然後再一次執行巨集。

習題 4-4

為 square 加入另一個參數稱為 len。修改本體以使正方形的邊長為 len，並再修改函數呼叫以提供第二個引數。再一次執行巨集，並用不同的 len 數值來測試。

習題 4-5

將 square 複製一份並更名為 polygon。加入另一個參數 n 並修改本體使得它可以畫出正 n 邊形。

正 n 邊形的外角為 $\frac{360}{n}$ 度。

習題 4-6

寫一個名稱為 circle 的函數，它會接受海龜 t、半徑 r 作為參數，並以適當的長度和邊數來呼叫 polygon 函數以畫出一個近似的圓形。用不同的 r 值來測試您的函數。

算出圓形的圓周（circumference）並確認 len * n == circumference。

習題 4-7

寫一個更通用化版本的 circle 並稱它為 arc，它會接受一個額外的參數叫 angle 來決定要畫出多少比例的圓形。angle 的單位是度，所以當 angle = 360 時，arc 應該會畫出一個完整的圓形。

封裝

第一個習題要求您將畫正方形的程式碼放入函數定義中再呼叫此函數，並將海龜傳入為參數。解答如下：

```
function square(t)
    for i in 1:4
        forward(t, 100)
        turn(t, -90)
    end
end
🐢 = Turtle()
@svg begin
    square(🐢)
end
```

最內層的敘述，forward 和 turn，被縮排了兩次，這表示它們是在 for 迴圈內，而 for 迴圈又是在函數定義內。

在函數內，t 參照至同一個海龜 🐢，所以 turn(t, -90) 和 turn(🐢, -90) 具有同樣的效果。在這種情況下，為何不直接稱呼參數為 🐢？重點是 t 可以是任何海龜，而不只是 🐢，所以您可以建立第二隻海龜並將其當作引數傳入 square：

```
🐢 = Turtle()
@svg begin
    square(🐢)
end
```

將一段程式碼包裝進一個函數稱之為**封裝**（*encapsulation*）。封裝的好處之一是它將程式碼貼上一個名稱，這可以用來當作一種文件說明。另一個好處是如果您要重新利用那段程式碼，呼叫函數兩遍會比將本體進行複製和貼上更精簡！

通用化

我們的下一步是要為 `square` 加入一個參數 `len`。解答如下：

```
function square(t, len)
    for i in 1:4
        forward(t, len)
        turn(t, -90)
    end
end
🐢 = Turtle()
@svg begin
    square(🐢, 100)
end
```

在函數中加入參數被稱為**通用化**（*generalization*），因為那會使得函數更為通用。在前一版中，正方形的大小是固定的，但在這個版本中它可以是任意大小。

下一步仍然是通用化。`polygon` 除了正方形外會畫出任何邊數的正多邊形。解答如下：

```
function polygon(t, n, len)
    angle = 360 / n
    for i in 1:n
        forward(t, len)
        turn(t, -angle)
    end
end
🐢 = Turtle()
@svg begin
    polygon(🐢, 7, 70)
end
```

上面的範例會畫出一個邊長為 70 之正 7 邊形。

介面設計

下一步是寫 circle，它接受半徑 r 作為參數。以下是使用 polygon 來畫正 50 邊形的簡單解答：

```
function circle(t, r)
    circumference = 2 * π * r
    n = 50
    len = circumference / n
    polygon(t, n, len)
end
```

第一行用公式 2πr 計算半徑為 r 的圓的周長。n 是用來畫出近似圓的多邊形邊數，因此 len 是每一邊的長度。所以 polygon 畫了一個正 50 邊形來近似半徑為 r 的圓。

本解答的限制之一是 n 是常數，這代表如果圓很大的話，邊長可能會很長。但對小圓來說，又會浪費時間在畫很小的線段。一個解決方法是將函數通用化，接受 n 為參數。這會使得使用者（呼叫 circle 的人）有更多控制權，但介面會比較沒有那麼乾淨。

函數的**介面**（*interface*）是怎麼使用它的摘要說明：有哪些參數？這個函數是要做什麼？它的傳回值是什麼？如果函數的介面可以讓呼叫者不需去處理不必要的細節，就能做到他想做的事時，我們說這介面是“乾淨的”。

在這個範例中 r 屬於介面的一部份，因為它指明了要畫的圓。n 就沒有那麼合適，因為它涉及了要怎麼畫那個圓的細節，這和要畫的圓無關。

為了不要搞髒介面，最好依據圓周長來選擇合適的 n 值：

```
function circle(t, r)
    circumference = 2 * π * r
    n = trunc(circumference / 3) + 3
    len = circumference / n
    polygon(t, n, len)
end
```

現在邊的數量大約是 circumference/3 左右的整數，因此各邊的長度大約是 3。這個長度小到可以讓圓看來好看，也大到不會降低效能，而且任何大小的圓都適用。

把 n 加上 3 是要保證多邊形至少有 3 邊。

重構

當我寫 circle 時，我可以重新利用 polygon，因為一個有很多邊的多邊形會近似於一個圓。不過在 arc 中就沒那麼好用了；我們不能使用 polygon 或 circle 來畫弧線。

一個替代方案是複製 polygon 並將其轉換為 arc。結果可能像這樣：

```
function arc(t, r, angle)
    arc_len = 2 * π * r * angle / 360
    n = trunc(arc_len / 3) + 1
    step_len = arc_len / n
    step_angle = angle / n
    for i in 1:n
        forward(t, step_len)
        turn(t, -step_angle)
    end
end
```

函數的後半段看來很像 polygon，但我們無法在不改變介面的情況下重新利用 polygon。我們可以藉由加入第三個引數 angle 將 polygon 通用化，不過這會讓 polygon 變得名不符實！作為替代方案，我們稱這個更通用的版本為 polyline：

```
function polyline(t, n, len, angle)
    for i in 1:n
        forward(t, len)
        turn(t, -angle)
    end
end
```

現在我們可以用 polyline 來重寫 polygon 和 arc：

```
function polygon(t, n, len)
    angle = 360 / n
    polyline(t, n, len, angle)
end

function arc(t, r, angle)
    arc_len = 2 * π * r * angle / 360
    n = trunc(arc_len / 3) + 1
    step_len = arc_len / n
    step_angle = angle / n
    polyline(t, n, step_len, step_angle)
end
```

最後，我們可以用 arc 重寫 circle：

```
function circle(t, r)
    arc(t, r, 360)
end
```

這個過程──重新安排程式以改善介面並方便程式碼重新利用──稱為**重構**（*refactoring*）。在此案例中，我們注意到在 arc 和 polygon 中存在著相似的程式碼，因此我們將它"解構"成為 polyline。

如果之前便好好規劃，我們可能就會先寫 polyline 而避免重構。但在專案開發之初您通常無法想到那麼多並設計好所有介面。一旦開始寫程式後，您會更加的瞭解問題。有時重構代表您已學到一些東西了。

開發計畫

開發計畫（*development plan*）是一種寫程式的流程。在此案例探討中我們使用的流程為"封裝與通用化"。此流程的步驟為：

1. 由撰寫不需要函數定義的小程式開始。
2. 一旦程式正常運作，識別其中一致的部份，封裝其為函數，並給予名稱。
3. 加進適當的參數將函數通用化。
4. 重複步驟 1 ～ 3 直到您有了一組可行的函數。對可行程式碼進行複製再貼上以避免重新輸入（以及重新除錯）。
5. 看看有沒有機會利用重構來改善程式。例如，如果您在許多地方都寫了相似的程式碼，考慮將其分解成適當的通用函數。

這個流程有些缺點──我們稍後會看到替代方案──但如果您在開始時不知道如何分解程式為函數時還是很有用。這個作法讓您可以在沒有太多事先計畫時進行設計。

文件字串

文件字串（*docstring*）是一個放在函數前的字串，用以解釋其介面（"doc" 是 "documentation（文件說明）" 的簡寫）。範例如下：

```
"""
polyline(t, n, len, angle)

Draws n line segments with the given length and
angle (in degrees) between them.  t is a turtle.
"""
function polyline(t, n, len, angle)
    for i in 1:n
        forward(t, len)
        turn(t, -angle)
    end
end
```

要存取文件說明（documentation），可以在 REPL 或筆記本中鍵入 ?，再於後面加上函數或巨集的名稱，最後按下 Enter 鍵：

```
help?> polyline
search:

  polyline(t, n, len, angle)

  Draws n line segments with the given length and angle (in degrees) between them. t is a
turtle.
```

文件字串通常是三引號字串，也稱為“多行”字串，因為三引號允許字串超過一行。

文件字串包含使用此函數之必要資訊。它精簡的解釋了這個函數的用途（而不用瞭解它的作法）。它也解釋了每一參數對函數的作用與每一參數的型別（如果不是那麼明顯可以看得出來的話）。

撰寫這類文件說明是介面設計很重要的一環。設計良好的介面應該很容易解釋；如果您發現很難解釋一個函數，或許這個介面還有改善空間。

除錯

介面就像是函數與呼叫者間的合約。呼叫者同意提供特定引數而函數同意做某些事。

例如，polyline 需要 4 個引數：t 必須是海龜、n 必須是整數、len 應該是正數、而 angle 必須是數字，並且以度數為單位。

這些需求被稱為**前置條件**（*precondition*），因為它們在函數執行前便被假定成立。反之，在函數後的條件被稱為**後置條件**（*postcondition*）。後置條件包括函數的預期效果（如畫出線段）和任何副作用（像是移動海龜或做了其他更動）。

前置條件是呼叫者的責任。如果呼叫者違反了（完整說明的）前置條件而使得函數不正常運作，錯是在呼叫者而不是函數。

如果前置條件已經被滿足但後置條件沒有，則錯是出在函數上。如果您的前置和後置條件都很清楚，它們可以幫忙除錯的進行。

詞彙表

模組（*module*）

包含一組相關函數和其他定義的檔案。

套件（*package*）

具有額外功能的外部程式庫。

`using` 敘述（`using` *statement*）

一個用以讀取模組檔和建立模組物件的敘述。

迴圈（*loop*）

程式裏可被重複執行的部份。

封裝（*encapsulation*）

將一系列敘述轉換為函數定義的過程。

通用化（*generalization*）

將過度明確的事物（如數字）替換為較通用（像變數或參數）的過程。

介面（*interface*）

有關如何使用函數，包括其名稱和引數與傳回值之描述。

重構（*refactoring*）

修改程式以改善其函數介面與其他程式品質之程序。

開發計畫（*development plan*）

寫程式的流程。

文件字串（*docstring*）

出現在函數定義頂端之字串，用以說明函數的介面。

前置條件（*precondition*）

在呼叫函數前應由呼叫者滿足的需求。

後置條件（*postcondition*）

在函數結束前應由函數滿足的需求。

習題

習題 4-8

將本章程式碼輸入筆記本中。

1. 畫一個堆疊圖來顯示執行 `circle(🐢, radius)` 時的程式狀態。您可以用手進行算術或在程式中加上列印敘述。
2. 在第 42 頁的“重構”小節中的 `arc` 版本並不是十分正確，因為用直線來近似圓總是會畫在真的圓之外，結果是海龜會停止在離正確的終點幾個像素之外。這裏的解答展示了降低此錯誤的方法，研讀一下程式碼並看看是否能瞭解。如果您畫一個堆疊圖，可能有助於瞭解它的原理。

```
"""
arc(t, r, angle)

Draws an arc with the given radius and angle:

    t: turtle
    r: radius
    angle: angle subtended by the arc, in degrees
"""
function arc(t, r, angle)
    arc_len = 2 * π * r * abs(angle) / 360
    n = trunc(arc_len / 4) + 3
    step_len = arc_len / n
    step_angle = angle / n
```

```
    # 在啟動之前稍微向左轉
    # 可減少由弧的線線性近似引起的誤差
    turn(t, -step_angle/2)
    polyline(t, n, step_len, step_angle)
    turn(t, step_angle/2)
end
```

習題 4-9

寫一組合適的通用函數來畫出圖 4-2 裏的花。

圖 4-2　用海龜畫花

習題 4-10

寫一組合適的通用函數來畫出圖 4-3 裏的形狀。

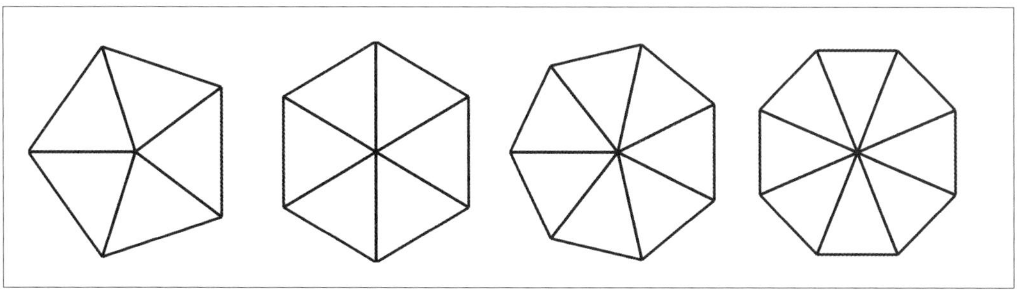

圖 4-3　用海龜畫派

習題 4-11

英文字母可以利用一小組基本元素構成，例如垂直線、水平線、以及一些曲線。利用最少的基本元素來設計出一組英文字母，再寫出畫出這些字母的函數。

您應該為每一個字母寫一個函數，其名稱為 `draw_a`、`draw_b` 等，並將您的函數存在檔名為 *letters.jl* 的檔案中。

習題 4-12

到 *https://en.wikipedia.org/wiki/Spiral* 研讀一下有關螺線的介紹。再寫一程式來畫出圖 4-4 中的阿基米德螺線（Archimedean spiral）。

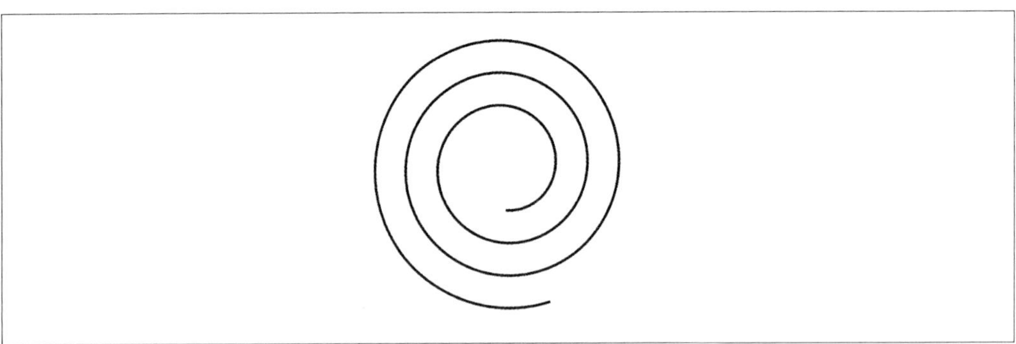

圖 4-4　阿基米德螺線

第五章

條件與遞迴

本章的主題是 if 敘述，它會根據程式的狀態執行不同的程式碼。不過我要先介紹二個新的運算子：取整除與取餘數。

取整除與取餘數

取整除（*floor division*）運算子 ÷（\div TAB）會將兩個整數相除後並取得不大於此結果的最大整數。例如，假設電影的放映時間是 105 分鐘。您可能會想知道那等於多少小時。傳統的除法會傳回一浮點數：

```
julia> minutes = 105
105
julia> minutes / 60
1.75
```

不過我們一般不會用具有小數的數字來表達時數。取整除會傳回去除小數之後的整數：

```
julia> hours = minutes ÷ 60
1
```

要取得剩餘時間，您可以減掉一小時的分鐘數：

```
julia> remainder = minutes - hours * 60
45
```

另一種作法是使用**取餘數**（*modulus*）運算子 %，它會將兩個整數相除後傳回其餘數：

```
julia> remainder = minutes % 60
45
```

取餘數運算子比您想的更有用。例如，您可以檢查某一數是否可被另一數整除——如果 x % y 為 0，那麼 x 可被 y 整除。

此外，您可以用它來萃取某一整數最右邊的一位或幾位的數字。例如，x % 10 可得到最右邊的數字（以 10 為基底）。同樣的，x % 100 可得到最後的兩個數字。

布林運算式

布林運算式（*Boolean expression*）是一個非真即假的運算式。以下的例子使用 == 運算子來比較兩個運算元，當它們相等時傳回 true，否則傳回 false：

```
julia> 5 == 5
true
julia> 5 == 6
false
```

true 和 false 是型別 Bool 的特殊值。它們並非字串：

```
julia> typeof(true)
Bool
julia> typeof(false)
Bool
```

== 運算子是**關係運算子**（*relational operators*）（用以比較運算元之運算子）其中之一。其餘的關係運算子包括；

```
x != y                  # x 不等於 y
x ≠ y                   # (\ne TAB)
x > y                   # x 大於 y
x < y                   # x 小於 y
x >= y                  # x 大於等於 y
x ≥ y                   # (\ge TAB)
x <= y                  # x 小於等於 y
x ≤ y                   # (\le TAB)
```

雖然您應該都熟悉這些運算子，但 Julia 的符號和數學符號還是有所不同。常見的錯誤之一是用等號（=）取代雙等號（==）。記住 = 是指定運算子而 == 是關係運算子。另外也沒有像 =< 或 => 這樣的東西。

邏輯運算子

有三種**邏輯運算子**（*logical operator*）：&&（且）、||（或）、和 !（否定）。這些運算子的語意（意義）和它們在英文裏的意義相近。例如，`x > 0 && x < 10`，只有在 x 大於 0 且小於 10 時才會為真。

`n % 2 == 0 || n % 3 == 0` 在兩個條件**其中之一**或**都為**真時才會為真；也就是說，如果那個數字可以被 2 或 3 整除的話才會為真。

&& 和 || 兩者都是與右結合（associate to the right）（也就是由右邊開始進行運算），不過 && 比 || 具有更高的優先順序。

最後，! 運算子會否定布林運算式，因此 `!(x > y)` 在當 `x > y` 為假時會為真；也就是說，如果 x 小於或等於 y 時會為真。

條件化執行

為了寫出有用的程式，我們幾乎一定會需要可以依條件改變程式行為的能力。**條件敘述**（*conditional statement*）給了我們這種能力。最簡單的型式是 if 敘述：

```
if x > 0
    println("x is positive")
end
```

在 if 之後的布林運算式被稱為**條件**（*condition*）。如果它為真，那些縮排的敘述會被執行。如果不為真則什麼事都不會發生。

if 敘述的結構和函數定義相同：一個標頭，後面加上以關鍵字 end 結尾之本體。像這樣的敘述被稱為**複合敘述**（*compound statement*）。

在本體內可以包含任意數量的複合敘述。偶爾我們也會建立不包含任何敘述的本體（通常用來幫還沒寫的程式碼佔位子使用）：

```
if x < 0
    # 待辦事項：此處需要處理負數！
end
```

替代執行

`if` 敘述的第二種形式為“替代執行（alternative execution）”，它包含兩個可能的執行方式，再依條件來決定執行哪個。它的語法看來如下：

```
if x % 2 == 0
    println("x is even")
else
    println("x is odd")
end
```

如果 `x` 除以 2 的餘數是 0，則可得 `x` 為偶數，程式就會顯示合適的訊息。如果條件不成立，那就會執行第二組敘述。由於條件非真即假，所以只有一組敘述會被執行。這些可選方案被稱為**分枝**（*branch*），因為它們會讓執行流程產生分枝。

連鎖條件

有時程式流程的可能性會超過兩種，所以我們需要超過兩個以上的分枝。用來表達這類計算的一種方法是使用**連鎖條件式**（*chained conditional*）：

```
if x < y
    println("x is less than y")
elseif x > y
    println("x is greater than y")
else
    println("x and y are equal")
end
```

再一次的強調，只有一個分枝會被執行。`elseif` 敘述的數量不限。另外如果有包含 `else` 子句，則它必須出現在最後。不過它不一定要出現：

```
if choice == "a"
    draw_a()
elseif choice == "b"
    draw_b()
elseif choice == "c"
    draw_c()
end
```

每個條件會依序被檢驗。如果第一個為假，會繼續檢查第二個，依此類推。如果其中之一為真，則執行它所對應之分枝並結束整個敘述。即使有多個條件同時為真，還是只有第一個條件為真的分枝會被執行。

巢狀條件式

條件式也可以出現在其他的條件式之內。我們可將前一小節的範例寫成以下形式：

```
if x == y
    println("x and y are equal")
else
    if x < y
        println("x is less than y")
    else
        println("x is greater than y")
    end
end
```

最外層的條件式包含兩個分枝。第一個分枝包含一個簡單敘述。第二個分枝包含另一個 `if` 敘述，而它又有自己的兩個分枝。這兩個分枝都是簡單敘述，不過它們也可以是條件敘述。

雖然（非強制性的）縮排可以讓程式結構看來比較明顯，不過很快的**巢狀條件式**（*nested conditional*）就會變得難以閱讀。所以最好盡可能避免使用。

邏輯運算子常可以用來簡化巢狀條件式敘述。例如，我們可以只用一個條件式來改寫下列程式碼：

```
if 0 < x
    if x < 10
        println("x is a positive single-digit number.")
    end
end
```

列印敘述只有在兩個條件都成立的情況下才會執行，所以我們可以用 `&&` 運算子來得到同樣的效果：

```
if 0 < x && x < 10
    println("x is a positive single-digit number.")
end
```

針對這類條件，Julia 提供了更精簡的語法：

```
if 0 < x < 10
    println("x is a positive single-digit number.")
end
```

遞迴

在函數內呼叫另一個函數是合法的，在一個函數內呼叫自己也是合法的。為何要這麼做的理由可能還不明顯，不過結果證明那是程式可以做的最神奇事情之一。例如，看看下面的函數：

```
function countdown(n)
    if n ≤ 0
        println("Blastoff!")
    else
        print(n, " ")
        countdown(n-1)
    end
end
```

如果 n 為 0 或負值，它會輸出 "Blastoff!"；否則它會輸出 n 的值且再呼叫名稱為 countdown 的函數——也就是自己——並傳入 n-1 作為引數。

如果我們像這樣呼叫這個函數會如何呢？

```
julia> countdown(3)
3 2 1 Blastoff!
```

countdown 函數的執行由 n = 3 開始。由於 n 大於 0，所以它會輸出 3 後再呼叫自己…

> countdown 函數的執行由 n = 2 開始。由於 n 大於 0，所以它會輸出 2 後再呼叫自己…
>
> > countdown 函數的執行由 n = 1 開始。由於 n 大於 0，所以它會輸出 1 後再呼叫自己…
> >
> > > countdown 函數的執行由 n = 0 開始。由於 n 沒有大於 0，所以它會輸出 "Blastoff!" 後再返回。
> >
> > n = 1 時之 countdown 函數返回。
>
> n = 2 時之 countdown 函數返回。

n = 3 時之 countdown 函數返回。

此時您已回到 Main。

呼叫自己的函數是**遞迴的**（*recursive*）；其執行過程稱為**遞迴**（*recursion*）。

再來一個範例，我們要寫一個程式來列印一字串 n 次：

```
function printn(s, n)
    if n ≤ 0
        return
    end
    println(s)
    printn(s, n-1)
end
```

如果 n <= 0 則 *return* 敘述會跳出函數。執行流程會立即回到呼叫者，函數其餘的程式碼不會被執行。

函數其餘的部份和 countdown 相似：它顯示 s 後再呼叫自己來顯示 s n-1 次。所以 s 會被輸出 1 + (n - 1) 次，總共是 n 次。

對於像這種簡單的範例，用迴圈可能更容易。但稍後我們會看到用 for 迴圈很難完成、但用遞迴卻很簡單的範例，所以最好早點開始熟悉它。

遞迴函數的堆疊圖

在第 28 頁的“堆疊圖”小節中，我們用堆疊圖來表示函數呼叫時的程式狀態。同樣的圖可以用來幫我們理解遞迴函數。

每次函數被呼叫時，Julia 會建立一個框架來包含函數的區域變數和參數。對遞迴函數而言，同一時間堆疊可能會有超過一個以上的框架。

圖 5-1 展示了 n = 3 時呼叫 countdown 的堆疊圖。

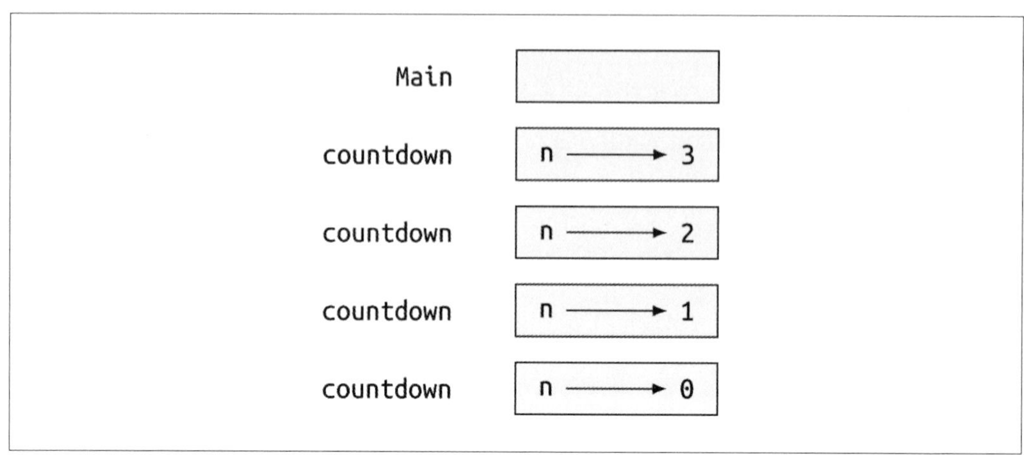

圖 5-1 堆疊圖

和平常一樣，堆疊最頂端是 Main 的框架。在這裡它是空的，因為我們並沒有在 Main 裏建立任何變數或傳給它任何引數。

那四個 countdown 框架擁有不同的參數 n 的值。堆疊的底部，也就是 n = 0 時，被稱為**基底案例**（*base case*）。它沒有建立遞迴呼叫，所以不會再建立框架了。

習題 5-1

作為練習，請畫出 s = "Hello" 且 n = 2 時呼叫 printn 的堆疊圖。然後寫一個名稱為 do_n 的函數，它會接受函數物件與數字 n 作為引數，並呼叫那函數 n 次。

無窮遞迴

如果遞迴永遠到不了基底案例，它們會無止盡的製造遞迴呼叫，造成程式永不終止。這種情況叫做**無窮遞迴**（*infinite recursion*），一般而言這不是好事。以下是一個造成無窮遞迴的小程式：

```
function recurse()
    recurse()
end
```

在多數的程式設計環境中，發生無窮遞迴的程式並不會真的沒完沒了的執行。當到達最大遞迴深度時，Julia 會發出錯誤訊息：

```
julia> recurse()
ERROR: StackOverflowError:
Stacktrace:
 [1] recurse() at ./REPL[1]:2 (repeats 80000 times)
```

這裏的堆疊追蹤比我們在前一章看到的長一點。我們可以看到當錯誤發生時，在堆疊中已經存在著 80,000 個遞迴框架！

如果您不小心的碰見無窮遞迴，重新檢視您的程式以確認存在一個不會產生遞迴呼叫的基底案例。如果有基底案例存在時，確保您一定會到達那裡。

鍵盤輸入

目前我們所寫的程式都沒有接受來自使用者的輸入。它們每次都做同樣的事。Julia 提供了一個稱為 `readline` 的內建函數，它會停止程式的執行並等待使用者鍵入某些東西。當使用者按下 Return 或 Enter 鍵後，程式會回復執行而且 `readline` 會傳回使用者所鍵入的字串：

```
julia> text = readline()
What are you waiting for?
"What are you waiting for?"
```

在獲取使用者輸入前，最好先列印一個提示訊息來告訴他要輸入什麼：

```
julia> print("What...is your name? "); readline()
What...is your name? Arthur, King of the Britons!
"Arthur, King of the Britons!"
```

分號（;）讓您可以在同一行中放入多個敘述。在 REPL 中只有最後一個敘述會傳回它的數值。

如果您期待使用者輸入整數，您可以試著將傳回值轉換為 `Int64`：

```
julia> println("What...is the airspeed velocity of an unladen swallow?"); speed
= readline()
What...is the airspeed velocity of an unladen swallow?
42
"42"
julia> parse(Int64, speed)
42
```

但是如果使用者鍵入除了數字之外的字元，您會得到錯誤訊息：

```
julia> println("What...is the airspeed velocity of an unladen swallow? ");
speed = readline()
What...is the airspeed velocity of an unladen swallow?
What do you mean, an African or a European swallow?
"What do you mean, an African or a European swallow?"
julia> parse(Int64, speed)
ERROR: ArgumentError: invalid base 10 digit 'W' in "What do you mean, an African
  or a European swallow?"
[...]
```

稍後我們會看到如何處理這種錯誤。

除錯

當語法或執行錯誤發生時，錯誤訊息中包含了許多資訊，那可能會令人頭昏腦漲。其中最有用的部份通常是：

- 發生了什麼錯誤
- 錯誤發生在哪裡

通常語法錯誤不難找到，不過仍有一些疑難雜症很難找到。一般而言，錯誤訊息會指出問題發生的位置，但真正的錯誤可能在更早的程式碼，有時在前一行。

同樣的情況也適用在執行錯誤。假設您要計算以分貝為單位的訊噪比。公式為：

$$SNR_{\mathrm{db}} = 10 \log_{10} \frac{P_{\mathrm{signal}}}{P_{\mathrm{noise}}}$$

在 Julia 中，您可能會寫出下列程式碼：

```
signal_power = 9
noise_power = 10
ratio = signal_power ÷ noise_power
decibels = 10 * log10(ratio)
print(decibels)
```

然後您會得到：

```
-Inf
```

這並不是您所期望的結果。

要找到錯誤所在，印出 ratio 的數值可能有用，結果是 0。問題發生在第 3 行，那裏用了取整除而不是浮點數除法。

您應該花時間去看錯誤訊息說什麼，但不要假設它說的完全正確。

詞彙表

取整除（*floor division*）

符號為 ÷ 的運算子，會將兩數相除並（往負無窮大方向）向下取出整數。

取餘數運算子（*modulus operator*）

符號為百分號（%）的運算子，它會傳回兩整數相除後的餘數。

布林運算式（*Boolean expression*）

值不是 true 就是 false 的運算式。

關係運算子（*relational operator*）

下列用來對運算元進行比較的運算子：==、≠ (!=)、>、<、≥ (>=) 和≤ (<=)。

邏輯運算子（*logical operator*）

下列用來組合布林運算式的運算子：&&（且）、||（或）和 !（否定）。

條件敘述（*conditional statement*）

根據某些條件控制執行流程的敘述。

條件（*condition*）

條件敘述中的布林運算式，用以決定要執行的分枝。

複合敘述（*compound statement*）

包含標頭和本體的敘述。本體由關鍵字 end 結尾。

分枝（*branch*）

在條件敘述中可選的敘述序列之一。

連鎖條件式（*chained conditional*）

具有一連串可選分枝的條件敘述。

巢狀條件式（*nested conditional*）

出現在另一個條件敘述的分枝內的條件敘述。

遞迴函數（*recursive function*）

呼叫自己的函數。

遞迴（*recursion*）

呼叫目前正在執行中的函數的流程。

return 敘述（*return statement*）

使得函數立即結束並回歸呼叫者的敘述。

基底案例（*base case*）

在遞迴函數中的一個沒有建立遞迴呼叫的條件分枝。

無窮遞迴（*infinite recursion*）

沒有或永不會到達基底案例的遞迴。無窮遞迴會造成執行錯誤。

習題

習題 5-2

函數 time 會傳回目前的格林威治標準時間，以秒為單位，且從作為時間參考基準點的“紀元（epoch）”開始算起。在 Unix 系統中，紀元開始於 1970 年 1 月 1 日：

```
julia> time()
1.550846226624217e9
```

寫一個腳本來讀入目前時間並將它轉換為時、分、秒格式，以及從紀元開始算起的日數。

習題 5-3

費瑪最後定理（Fermat's Last Theorem）說，當 n 大於 2 時，不存在正整數 a、b 和 c 使得：

$$a^n + b^n = c^n$$

1. 寫一個名稱為 `checkfermat` 的函數，它會接受 4 個引數 `a`、`b`、`c` 和 `n` 並檢查費瑪定理是否成立。如果 n 大於 2 而且 `a^n + b^n == c^n`，則程式應印出"Holy smokes, Fermat was wrong!"；否則程式應印出"No, that doesn't work."。
2. 寫一個函數來提示使用者輸入 `a`、`b`、`c` 和 `n` 的值並轉換為整數，再使用 `checkfermat` 檢查它們是否違反費瑪定理。

習題 5-4

如果給您三根棍子，您可能可以也可能不可以把它們排成三角形。例如，如果其中一根長 12 英吋且其他二根都長 1 英吋，您無法讓短的那二根在中間相接。對於任意的三個長度，有一個簡單的測試可以知道是否有可能形成三角形：

> 如果三個長度其中之一大於其他兩個長度的和，則不可能組成三角形，否則就可以。（如果二個長度的和等於第三個長度，它們會構成"退化的"三角形）。

1. 寫一個名稱為 `istriangle` 的函數，它接受三個整數作為引數，且會根據所給的長度是否能構成三角形來列印"Yes"或"No"。
2. 寫一個函數來提示使用者輸入三根棍子的長度、轉換為整數、再使用 `istriangle` 來檢查它們是否可以構成三角形。

習題 5-5

下面程式的輸出是什麼？畫一張堆疊圖來展示當它列印結果時的程式狀態。

```
function recurse(n, s)
    if n == 0
        println(s)
    else
        recurse(n-1, n+s)
    end
end

recurse(3, 0)
```

1. 如果您呼叫 `recurse(-1, 0)` 會發生什麼事？
2. 寫一段文件字串來解釋某人要使用這個函數時應知道的所有的事（其他的不用說）。

下面的習題使用了第 4 章提到的 `ThinkJulia` 模組。

習題 5-6

研讀下列函數並看看您是否能搞懂它是在做什麼（參見第 4 章的範例）。然後執行它看看結果是否如您預期。

```
function draw(t, length, n)
    if n == 0
        return
    end
    angle = 50
    forward(t, length*n)
    turn(t, -angle)
    draw(t, length, n-1)
    turn(t, 2*angle)
    draw(t, length, n-1)
    turn(t, -angle)
    forward(t, -length*n)
end
```

習題 5-7

科赫曲線（Koch curve）是看起來如圖 5-2 的碎形（fractal）。

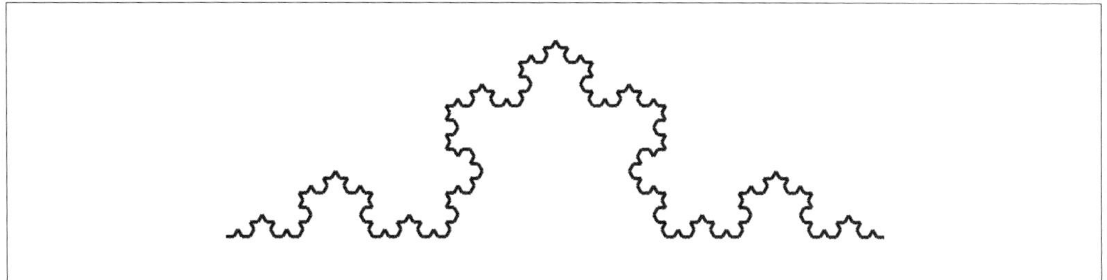

圖 5-2　科赫曲線

要畫出長度 x 的科赫曲線，您只需要如此：

1. 畫一條長度為 $\frac{x}{3}$ 的科赫曲線。
2. 左轉 60 度。
3. 畫一條長度為 $\frac{x}{3}$ 的科赫曲線。
4. 右轉 120 度。
5. 畫一條長度為 $\frac{x}{3}$ 的科赫曲線。
6. 左轉 60 度。
7. 畫一條長度為 $\frac{x}{3}$ 的科赫曲線。

例外情況發生在 x 小於 3 時：這時您只能畫一條長度為 x 的直線。

1. 寫一個名稱為 `koch` 的函數，接受海龜與長度作為引數，並使用這個海龜依據這個長度畫一條科赫曲線。
2. 寫一個名稱為 `snowflake` 的函數來畫三條科赫曲線以構成雪花的輪廓。
3. 科赫曲線可以幾種方式延展。參見 *https://en.wikipedia.org/wiki/Koch_snowflake* 中的範例並實作您喜歡的。

第六章

結果函數

許多我們用過的 Julia 函數，例如數學函數，會產出傳回值。但我們寫過的函數卻全是虛無的：它們有些效果，例如列印一個值或移動海龜，但並不會傳回任何東西。本章中您會學到怎麼寫結果函數。

傳回值

呼叫一個函數會產生一個傳回值，通常我們會將它指定給一個變數或用於運算式中：

```
e = exp(1.0)
height = radius * sin(radians)
```

目前為止我們所寫的函數都是虛無的。一般的說法是它們沒有傳回值，不過更精準的說法是它們的傳回值是 nothing。在本章中，我們（終於）要撰寫結果函數了。第一個範例是 area，它會傳回一個給定半徑的圓的面積：

```
function area(radius)
    a = π * radius^2
    return a
end
```

我們之前已經看過 return 敘述，但在結果函數中 return 敘述會包含運算式。這個敘述的涵義為："立即從這個函數回歸並將後面的運算式當作傳回值"。這個運算式多複雜都可以，因此我們可以將這個函數寫得更精簡一點：

```
function area(radius)
    π * radius^2
end
```

然而，使用像 a 這種**暫時變數**（*temporary variable*）以及明確的 return 敘述會讓除錯更容易些。

函數所回傳的值是最後被賦值的運算式的值，這個運算式預設為函數定義的本體的最後一個運算式。

有時如果有好幾個 return 敘述是很有用的，每一個敘述都在某一個條件分枝內：

```
function absvalue(x)
    if x < 0
        return -x
    else
        return x
    end
end
```

由於這些 return 敘述都在替代條件式中，只有其中一個會被執行。

一旦 return 敘述被執行後，函數便會終止而不會執行任何後續的敘述。在 return 後的程式碼，或任何執行流程中不會到達的位置，被稱為**無效程式碼**（*dead code*）。

在結果函數中，最好能確保每一執行路徑都會遇到一個 return 敘述。看看這個範例：

```
function absvalue(x)
    if x < 0
        return -x
    end
    if x > 0
        return x
    end
end
```

這個函數是不正確的，因為 x 有可能是 0，造成兩個條件都不為真，使得函數沒有遇見 return 敘述便結束了。如果執行流程到達函數的結尾，傳回值為 nothing，而不是 0 的絕對值。

```
julia> show(absvalue(0))
nothing
```

Julia 提供了一個稱為 abs 的內建函數來計算絕對值。

習題 6-1

寫一個 compare 函數，它接受兩個數值 x 和 y，且當 x > y 時傳回 1、x == y 時傳回 0、x < y 時傳回 -1。

增量式開發

當您在寫大一點的程式時，可能會發現您會花費愈來愈多的時間在除錯上。

為了處理日趨複雜的程式，您可能會想要嘗試稱為**增量式開發**（*incremental development*）的流程。增量式開發的目標是，藉由一次只增加並測試少量的程式碼以避免冗長的除錯過程。

舉例而言，假設您想要找出坐標為（x_1，y_1）和（x_2，y_2）的兩點間的距離。根據畢氏定理，距離為：

$$d = \sqrt{(x_2 - x_1)^2 + (y_2 - y_1)^2}$$

第一步是先考慮距離函數在 Julia 中應該會長什麼樣子。也就是說，輸入（參數）以及輸出（傳回值）是什麼？

在此例中，輸入是兩個點，您可以用四個數字來表示它們。傳回值是距離，可以用浮點數來表示它。

這樣您馬上可以寫出函數的外型：

```
function distance(x₁, y₁ , x₂, y₂)
    0.0
end
```

顯然這個版本不會計算距離；它永遠傳回零。但它在語法上是完全正確的而且可以正常執行，這表示您可以在它變複雜前先測試它。具有下標的數字是使用萬國碼編碼（**_1 TAB**、**_2 TAB** 等）。

要測試這新函數，用以下的範例引數呼叫它：

```
distance(1, 2, 4, 6)
```

我選擇這些數值以使水平距離是 3 且垂直距離是 4；這樣結果會是 5，也就是 3-4-5 三角形的斜邊長。在測試函數時，先知道正確答案是很有用的。

目前我們已經確認這函數的語法正確，所以我們可以開始在本體中加入程式碼了。下一步合理的作法是找出 $x_2 - x_1$ 和 $y_2 - y_1$ 的差。下一個版本中會將這些數值存入暫時變數中，並使用 @show 巨集來印出它們：

```
function distance(x₁, y₁ , x₂, y₂)
    dx = x₂ - x₁
    dy = y₂ - y₁
    @show dx dy
    0.0
end
```

如果函數運作正常，它應該會顯示 dx = 3 與 dy = 4。若是如此，我們知道這函數接受了正確的引數並正確的執行了第一個運算。若不是，我們只需要檢查區區幾行程式碼。

接下來，我們計算 dx 和 dy 的平方和：

```
function distance(x₁, y₁ , x₂, y₂)
    dx = x₂ - x₁
    dy = y₂ - y₁
    d² = dx^2 + dy^2
    @show d²
    0.0
end
```

您再一次執行現階段的程式並檢查輸出（應該是 25）。您也可以使用具有上標的數字（**\^2 TAB**）。最後，您可以用 sqrt 來計算並傳回結果：

```
function distance(x₁, y₁ , x₂, y₂)
    dx = x₂ - x₁
    dy = y₂ - y₁
    d² = dx^2 + dy^2
    sqrt(d²)
end
```

如果函數運作正確，您就完成了。否則您可能要在 return 敘述前印出 sqrt(d²) 的值來確認問題所在。

最終版的函數在執行時不會顯示任何訊息；它只會傳回一數值。我們所寫的列印敘述只對除錯有用，一旦函數正確運行，您應該移除它們。像這樣的程式碼稱為**過渡**（*scaffolding*），因為它只幫忙建立程式，但並非是最終產品的一部份。

當您開始後，您應該一次只加入一、兩行程式碼。當您經驗愈來愈豐富時，您會發現您可以一次撰寫和除錯一大把程式碼。

本流程的關鍵層面為：

1. 從一個可行程式開始並進行少量、增量式的改變。在任何階段，只要有錯誤發生，您應該要很清楚發生在哪裡。
2. 使用變數來記錄執行中的值，以讓您可以顯示和檢查它們。
3. 當程式可以正常運行後，您可能會想要移除部份的過渡程式碼或將好幾行敘述結合為複合敘述。不過要確保那不會使得程式變得難讀。

習題 6-2

使用增量式開發來寫一個名稱為 hypotenuse 函數，傳給它直角三角形的二個直角邊長作為引數時，它會傳回斜邊長。在開發過程中記錄每一階段的進度。

合成

就如您現在所預期的，您可以在另一個函數中呼叫一函數。舉例而言，我們要寫一個函數來接受兩個點，分別是圓心與圓周上的一個點，並計算出這個圓的面積。

假設圓心的坐標存在變數 xc 和 yc 中，而圓周上的點在 xp 和 yp。首先要找出圓的半徑，也就是這兩點的距離。我們剛才有寫了一個函數 distance 來計算它：

```
radius = distance(xc, yc, xp, yp)
```

下一步是找出這個半徑的圓面積。我們也已經寫過了：

```
result = area(radius)
```

將這些步驟封裝為函數，可得：

```
function circlearea(xc, yc, xp, yp)
    radius = distance(xc, yc, xp, yp)
    result = area(radius)
    return result
end
```

暫時變數 radius 和 result 對開發和除錯很有用，但當程式寫好後，我們可以將這些函數呼叫進行合成以讓它更為精簡：

```
function circlearea(xc, yc, xp, yp)
    area(distance(xc, yc, xp, yp))
end
```

布林函數

函數可以傳回布林值，那會便於隱藏函數中所進行的複雜測試。例如：

```
function isdivisible(x, y)
    if x % y == 0
        return true
    else
        return false
    end
end
```

慣例上會將布林函數命名為看起來很像是非題的名字；`isdivisible` 會根據 `x` 是否可被 `y` 整除傳回 `true` 或 `false`。

以下為範例：

```
julia> isdivisible(6, 4)
false
julia> isdivisible(6, 3)
true
```

`==` 運算子的結果為布林值，因此我們可以直接回傳比較的結果讓函數變得更精簡：

```
function isdivisible(x, y)
    x % y == 0
end
```

布林函數常被用在條件敘述中：

```
if isdivisible(x, y)
    println("x is divisible by y")
end
```

您可能會想要這麼寫：

```
if isdivisible(x, y) == true
    println("x is divisible by y")
end
```

不過那多出來的比較其實是不需要的。

習題 6-3

寫一個函數 `isbetween(x, y, z)`，當 `x ≤ y ≤ z` 時傳回 `true`，否則傳回 `false`。

更多遞迴

我們只介紹了 Julia 的一小部份，但您可能會很訝異這一小部份其實就是一個完整的程式語言，也就是它們足以表達所有可以計算的事物。任何已完成的程式都可以用您目前已學到的語言特性來重寫（事實上，您可能需要一些指令來控制像滑鼠、磁碟等等裝置，但也就這樣而已）。

證明上述論點的非凡工作最早是由艾倫．圖靈（Alan Turing）完成。他是最早的電腦科學家之一（有人爭論說他是數學家，不過很多早期的電腦工程師原來都是數學家）。於是它被稱為圖靈論點（Turing thesis）。若要獲得更完整（且正確）的圖靈論點的討論，我推薦 Michael Sipser 的書《計算理論導引》（*Introduction to the Theory of Computation*）（聖智學習（Cengage）出版）。

為了讓您對已經學到的工具可以拿來做什麼有些概念，我們會對一些遞迴定義的數學函數進行賦值。遞迴定義和循環定義（circular definition）相似，它們的定義都參考到已經被定義的事物。真的循環定義其實沒什麼用：

vorpal

　　一個用來描述某物是 vorpal 的形容詞。

如果您在字典裏看到這定義，您可能會覺得很困擾。另一方面，如果您查找一下階乘（以 ! 符號表示）函數的定義，您可能會看到如下所述：

$$n! = \begin{cases} 1 & \text{if } n = 0 \\ n(n-1)! & \text{if } n > 0 \end{cases}$$

這個定義說 0 階乘等於 1，而不等於 0 的 n 的階乘是 n 乘上 $n-1$ 階乘。

所以 3! 等於 3 乘 2!，後者就等於 2 乘 1!，再後者就等於 1 乘 0!。全乘在一起後，3! 等於 3 乘 2 乘 1 乘 1，也就是 6。

如果您能寫出某事物的遞迴定義，您就能寫一個 Julia 程式來對它進行賦值。第一步是決定有哪些參數。在本例中很明顯的就是一個整數：

```
function fact(n) end
```

如果引數剛好是 0，我們只須傳回 1：

```
function fact(n)
    if n == 0
        return 1
    end
end
```

如果不是的話，有趣的部份來了，我們必須建立一個遞迴呼叫來求出 n-1 階乘後再乘上 n：

```
function fact(n)
    if n == 0
        return 1
    else
        recurse = fact(n-1)
        result = n * recurse
        return result
    end
end
```

本程式的執行流程和第 54 頁的"遞迴"小節中的 countdown 流程相似。如果我們以引數 3 呼叫 fact：

由於 3 不是 0，我們進入第二個分枝並計算 n-1 階乘…

由於 2 不是 0，我們進入第二個分枝並計算 n-1 階乘…

由於 1 不是 0，我們進入第二個分枝並計算 n-1 階乘…

由於 0 等於 0，我們進入第一個分枝並傳回 1 且不再建立更多遞迴呼叫。

傳回值 1 會乘上 n，它的值是 1，並傳回其結果。

傳回值 1 會乘上 n，它的值是 2，並傳回其結果。

傳回值 2 會乘上 n，它的值為 3，結果 6 成為本流程開始時的函數呼叫的傳回值。

圖 6-1 展示了這一系列函數呼叫的堆疊圖。

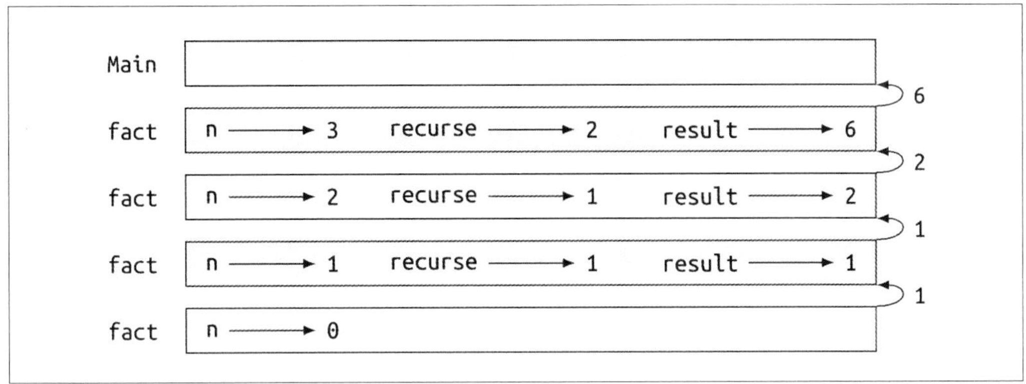

圖 6-1　堆疊圖

傳回值會被傳回堆疊的上一層。在每個框架中，傳回值就是 `result` 的數值，也就是 `n` 與 `recurse` 的乘積。

在最後一個框架中，區域變數 `recurse` 和 `result` 並不存在，因為建立它們的那個分枝並沒有被執行。

Julia 提供了 `factorial` 函數來計算整數之階乘。

信仰之躍

跟隨著執行流程是閱讀程式的方法之一，但很快就會令人頭昏腦漲。另一種作法被我稱為"信仰之躍（leap of faith）"。當您遇見函數時，不再跟隨程式流程，而是**假設**此函數運作正常且會傳回正確的結果。

事實上，在使用內建函數時，您已經練習過這種信仰之躍了。當您呼叫 `cos` 或 `exp`，您並不會去驗證這些函數的本體，您就會假設它們是可用的，因為寫它們的人是好的程式設計師。

當您呼叫自己所寫的函數時也是一樣。例如，在第 70 頁的“布林函數”小節中，我們寫了一個函數叫 isdivisible 來決定一個數字是否可被另一個數字整除。一旦我們（藉由檢查和測試程式碼）說服自己那函數是正確的，我們可以直接使用它而不用再檢查它的程式碼。

對遞迴函數也是一樣。在我們的範例中，當您到達遞迴呼叫時，不用再繼續跟隨程式流程，而是應該假設遞迴呼叫會正常運作（傳回正確的結果）並問自己：“假設我可以找到 n-1 階乘的結果，我是否可以算出 n 階乘？”答案很明顯是可以，因為只要乘上 n 即可。

當然在函數都還沒寫好前就假設它會正常運作是有點奇怪，不過這也是為何叫它“信仰之躍”的原因！

再一個範例

在階乘之後，遞迴定義最有名的數學函數範例是費伯那西（Fibonacci）（*http://bit.ly/2OQ2uQq*）：

$$fib(n) = \begin{cases} 0 & \text{if } n = 0 \\ 1 & \text{if } n = 1 \\ fib(n-1) + fib(n-2) & \text{if } n > 1 \end{cases}$$

轉換為 Julia 後，看起來像這樣：

```
function fib(n)
    if n == 0
        return 0
    elseif n == 1
        return 1
    else
        return fib(n-1) + fib(n-2)
    end
end
```

如果您試圖要跟隨程式流程，即使 n 的值很小，您的頭還是會爆炸的。但如果您進行信仰之躍並假設那兩個遞迴呼叫運作正常，那麼將它們相加便會得到正確的結果。

檢查型別

如果我們呼叫 fact 時給它 1.5 作為引數會發生什麼事呢？

```
julia> fact(1.5)
ERROR: StackOverflowError:
Stacktrace:
 [1] fact(::Float64) at ./REPL[3]:2
```

看來像是發生無窮遞迴。怎麼會這樣？這函數有一個基底案例，也就是當 n == 0 時。但如果 n 不是整數，我們會**錯過**（*miss*）這基底案例而造成無窮遞迴。

在第一次遞迴呼叫時，n 的數值是 0.5。在下一次時，它變成 -0.5。從那開始，它會愈來愈小（愈來愈負），但絕不會變成 0。

我們有兩個選擇。我們可以試著將階乘函數通用化成可用於浮點數，或我們可以讓 fact 檢查它的引數的型別。第一個選項被稱為伽瑪函數（gamma function），不過它超出本書的範圍，所以我們選擇第二個選項。

我們可以利用內建運算子 isa 來檢驗引數的型別。我們也可以順便確保引數是正的：

```
function fact(n)
    if !(n isa Int64)
        error("Factorial is only defined for integers.")
    elseif n < 0
        error("Factorial is not defined for negative integers.")
    elseif n == 0
        return 1
    else
        return n * fact(n-1)
    end
end
```

第一個基底案例處理非整數；第二個處理負數。在這兩種情況程式都會印出錯誤訊息，並傳回 nothing 以代表發生了錯誤：

```
julia> fact("fred")
ERROR: Factorial is only defined for integers.
julia> fact(-2)
ERROR: Factorial is not defined for negative integers.
```

如果我們通過了二者的測試，我們便可以知道 n 不是正的就是 0，所以即可證明遞迴會終止。

這個程式展示了一個稱為**守護者**（*guardian*）的樣式。前兩個條件式扮演著守護者的角色，保護著程式碼不會跟隨著產生錯誤的值。守護者讓證明程式碼的正確性這件事變成可能。

在第 186 頁的“抓取例外”小節中，我們會看到除了列印錯誤訊息外另一種更具彈性的作法：提起例外。

除錯

將大的程式切割成小一點的函數可以自然的為除錯建立檢查點。如果函數運作不正常，可以考慮三種可能性：

- 函數收到的引數有問題；違反了前置條件。
- 函數本身有問題；違反了後置條件。
- 傳回值或它被使用的方式有問題。

要排除第一個可能，您可以在函數的開頭加入一個列印敘述來顯示參數的數值（或許再加上它們的型別）。或者您可以在函數外寫一段程式碼來檢查前置條件。

如果參數看來沒問題，在每一個 `return` 敘述前加上列印敘述來顯示傳回值。如果可能的話以手動方式檢查結果。考慮用比較容易檢查結果的數值來呼叫函數（如第 67 頁“增量式開發”小節所述）。

如果函數看來沒問題，那麼看一下它的函數呼叫，確保傳回值正確的被使用（或有被用到！）。

在函數的開始和結尾處加上列印敘述會使執行流程更容易的被觀察。例如，以下是 `fact` 加上列印敘述的版本：

```
function fact(n)
    space = " " ^ (4 * n)
    println(space, "factorial ", n)
    if n == 0
        println(space, "returning 1")
        return 1
    else
        recurse = fact(n-1)
        result = n * recurse
        println(space, "returning ", result)
        return result
```

```
        end
    end
```

space 是由空白字元所構成的字串，用以控制輸出的縮排：

```
julia> fact(4)
                factorial 4
            factorial 3
        factorial 2
    factorial 1
factorial 0
returning 1
    returning 1
        returning 2
            returning 6
                returning 24
24
```

如果您對執行流程感覺困惑，這樣的輸出會有幫助的。雖然要花點時間來發展有效的過渡程式碼，不過一點過渡程式碼對除錯能幫上大忙。

詞彙表

暫時變數（*temporary variable*）

用以儲存複雜計算中產出之中間值的變數。

無效程式碼（*dead code*）

程式中永遠不會被執行的程式碼，通常是因為位於 `return` 敘述之後。

增量式開發（*incremental development*）

一種程式開發計畫，每次只增加和測試少量的程式碼以避免除錯的困難。

過渡程式碼（*scaffolding*）

程式開發中所使用，但卻不屬於最終版本的程式碼。

保護者（*guardian*）

一種程式設計的樣式，用條件敘述來檢查與處理可能會產生錯誤的情況。

習題

習題 6-4

為下列程式畫一個堆疊圖。程式會印出什麼？

```
function b(z)
    prod = a(z, z)
    println(z, " ", prod)
    prod
end

function a(x, y)
    x = x + 1
    x * y
end

function c(x, y, z)
    total = x + y + z
    square = b(total)^2
    square
end

x = 1
y = x + 1
println(c(x, y+3, x+y))
```

習題 6-5

阿克曼函數（Ackermann function）（*http://bit.ly/2TW2T4X*），*A(m, n)*，定義為：

$$A(m,n) = \begin{cases} n+1 & \text{if } m = 0 \\ A(m-1,1) & \text{if } m > 0 \text{ and } n = 0 \\ A(m-1, A(m, n-1)) & \text{if } m > 0 \text{ and } n > 0 \end{cases}$$

寫一個名稱為 `ack` 的函數來賦值阿克曼函數。使用您的函數來賦值 `ack(3, 4)`，結果應是 125。如果用大一點的 `m` 和 `n` 值時會發生什麼事呢？

習題 6-6

迴文（palindrome）是一種不論從哪個方向讀起都一樣的單字，例如 “noon” 或 “redivider”。以遞迴定義來看，當某一個單字的最前面和最後面的字母相同而且它們之間是迴文的話，這個單字便是迴文。

以下的函數會接受字串引數並傳回第一、最後、和中間的字元：

```
function first(word)
    first = firstindex(word)
    word[first]
end

function last(word)
    last = lastindex(word)
    word[last]
end

function middle(word)
    first = firstindex(word)
    last = lastindex(word)
    word[nextind(word, first) : prevind(word, last)]
end
```

我們會在第 8 章介紹它們的運作。

1. 測試這些函數。如果您用包含二個字母的字串呼叫 `middle` 會怎樣？不包含任何字元的空字串（寫成 `""`）呢？

2. 寫一個名稱為 `ispalindrome` 的函數，它接受字串引數並當其為迴文時傳回 `true`，否則傳回 `false`。您可以使用內建函數 `length` 來檢查字串的長度。

習題 6-7

一個數字 a 是 b 的次方時，代表 a 可以被 b 整除而且 $\frac{a}{b}$ 也是 b 的次方。寫一個名稱為 `ispower` 的函數，它接受引數 `a` 和 `b` 並當 `a` 是 `b` 的次方時傳回 `true`。

您必須考慮基底案例要怎麼寫。

習題 6-8

a 和 *b* 的最大公約數（greatest common divisor, GCD）是可以同時整除兩者之最大數。

找出兩個數的 GCD 的方法之一是根據一個觀察到的現象，也就是如果 *r* 是 *a* 除以 *b* 的餘數，那麼 `gcd(a, b) = gcd(b, r)`。您可以用 `gcd(a, 0) = a` 作為基底案例。

寫一個名稱為 `gcd` 的函數，它接受引數 `a` 和 `b` 並傳回它們的最大公約數。

版權聲明：本範例是改編至 Hal Abelson 與 Gerald Jay Sussman 所著的《**電腦程式的構造和解釋**》（*Structure and Interpretation of Computer Programs*）（MIT Press）。

第七章

迭代

本章的主題是迭代，也就是重複執行一個區塊的敘述的能力。我們已經看過一種迭代，就是第 54 頁的“遞迴”小節談到的遞迴。另外我們也在第 37 頁的“簡單重複”小節中看到另一種 `for` 迴圈。在本章中我們還會看到另外一種使用 `while` 敘述的作法，不過一開始我們再談談變數指定。

重新指定

您可能已經發現到，對同一變數進行超過一次以上的指定是合法的。新的指定會將既有的變數參照至新的數值（並且不再參照舊的數值）：

```
julia> x = 5
5
julia> x = 7
7
```

我們第一次顯示 x 時，它的數值是 5；第二次時，它的數值是 7。

圖 7-1 展示了**重新指定**（*reassignment*）在狀態圖中的樣子。

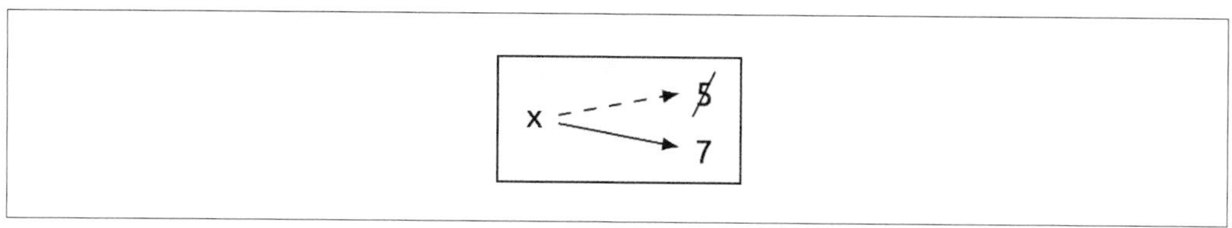

圖 7-1　狀態圖

在此我要說明一個常常造成混淆的來源。由於 Julia 使用等號（=）來進行指定，我們常常就會將像 a = b 這樣的敘述解讀為數學中的等式命題；也就是會認為 a 和 b 是相等的，不過這樣的解讀是錯的。

首先，等式是對稱的，但指定不是。例如在數學裏，如果 $a = 7$ 則 $7 = a$。但在 Julia 中，敘述 a = 7 是合法的但 7 = a 並不是。

此外在數學命題中，等式命題永遠是非真即假。如果 $a = b$，則 a 永遠都會等於 b。在 Julia 中，指定敘述會使得兩個變數相等，但它們不一定會一直如此：

```
julia> a = 5
5
julia> b = a    # a 和 b 目前相等
5
julia> a = 3    # a 和 b 不再相等
3
julia> b
5
```

第三行改變了 a 的數值但沒有改變 b 的數值，所以它們不再相等。

重新指定變數常常是很有用的，但在使用時要小心。如果變數的數值經常改變，會使得程式碼難以閱讀和除錯。

使用已用於變數之名稱作為函數名稱是合法的。

更新變數

常見的一種重新指定是**更新**（*update*），也就是變數的新值和它的舊值有關：

```
julia> x = x + 1
8
```

這個敘述代表"取得 x 目前的值，加上 1，然後將 x 更新為新值"。

如果您試圖要更新不存在的變數會得到錯誤訊息，因為 Julia 在指定值給 x 之前會先對等號右邊的運算式進行賦值：

```
julia> y = y + 1
ERROR: UndefVarError: y not defined
```

在更新變數前，您必須先對它進行**初始化**（*initialize*），通常是用簡單的指定敘述來完成：

```
julia> y = 0
0
julia> y = y + 1
1
```

將變數加 1 這樣的更新稱為**增量**（*increment*）；減 1 稱為**減量**（*decrement*）。

while 敘述

電腦常用於自動化的進行重複性工作。重複同樣的或相似的工作是電腦擅長但人類不擅長的事情之一。在電腦程式中，重複也叫做**迭代**（*iteration*）。

我們已看過兩個函數，`countdown` 和 `printn`，使用遞迴進行迭代。由於迭代如此常用，Julia 提供了一些便於使用它的語言特性。其中之一是第 37 頁的"簡單重複"小節中所看過的 `for` 敘述。稍後我們會再回到它。

另一個是 ***while* 敘述**。以下是使用 `while` 敘述的 `countdown` 版本：

```
function countdown(n)
    while n > 0
        print(n, " ")
        n = n - 1
    end
    println("Blastoff!")
end
```

您幾乎可以像在唸英文一樣唸這段 `while` 敘述。它代表"當 `n` 大於 `0` 時，顯示 `n` 的值然後減量 `n`。當 `n` 等於 `0` 時，印出 `"Blastoff!"`"。

以下正式的介紹 `while` 敘述的執行流程：

1. 決定條件式是真或假。
2. 如果是假，跳離 `while` 敘述並繼續執行下一個敘述。
3. 如果條件為真，執行本體然後跳回步驟 1。

這樣的流程被稱為迴圈，因為第 3 步會迴轉至頂端。

迴圈的本體應該要改變一個或多個變數的值，以使條件式最終會變成假而結束迴圈。否則迴圈便會永遠的重複下去，這稱為**無窮迴圈**（*infinite loop*）。電腦科學家圈子裏的一個被傳頌的笑話是，有人觀察到洗髮精瓶上的指示說明“洗淨、潤絲後再重複前面的動作”是一個無窮迴圈。

在 countdown 這個案例中，我們可以證明迴圈會結束：如果 n 是 0 或負值時迴圈就不會再執行。否則 n 會隨著迴圈變得愈來愈小，最終會成為 0。

對於某些其他的迴圈就難說了。例如：

```
function seq(n)
    while n != 1
        println(n)
        if n % 2 == 0        # n 為偶數
            n = n / 2
        else                 # n 為奇數
            n = n*3 + 1
        end
    end
end
```

這個迴圈的條件是 n != 1，所以迴圈會持續進行到 n 等於 1 而使得條件為假時。

每次執行迴圈時，程式會輸出 n 的值後再檢查它是偶數或奇數。如果是偶數，會將 n 除以 2。如果是奇數，則會用 n*3 + 1 取代 n 的值。例如，若傳給 seq 的引數是 3，那麼 n 的結果會是 3、10、5、16、8、4、2、1。

由於 n 有時增加有時減少，我們無法證明 n 終究會變成 1 或程式一定會結束。對於某些 n 的值，我們可以證明程式會結束。例如，如果初始值是二的次方，那麼 n 的值在每次迴圈中都會是偶數，直到變成 1 為止。前面的範例如果用 16 開始，它的結果便會是這種序列。

問題是我們是否可以證明對所有可能的 n 值來說這個程式都會結束。直至目前為止，還沒有人可以證明此事或否定此事！（*http://bit.ly/2KkdE1B*）

習題 7-1

用迭代取代遞迴來改寫第 54 頁的“遞迴”小節裏的 printn 函數。

break

有時您在迴圈執行到一半才發現應該要結束迴圈的執行，這時您可以使用 *break* 敘述來跳離迴圈。

例如，假設您想要一直取得使用者的輸入直到他們輸入 **done** 為止。您可以這樣寫：

```
while true
    print("> ")
    line = readline()
    if line == "done"
        break
    end
    println(line)
end
println("Done!")
```

此處迴圈的條件式是 true，也就是永遠為真，所以迴圈將會一直執行直到遇見 break 敘述為止。

每次執行迴圈時，它會以一個三角括號提示使用者。如果使用者輸入 **done**，break 敘述會跳離迴圈。否則，程式會印出使用者的輸入並回到迴圈的開頭。以下是執行過程的範例：

```
> not done
not done
> done
Done!
```

用這種方式來寫 while 迴圈是很常見的，因為您可以在迴圈的任意位置（而不是只在開頭）進行條件檢查。並且可以正面表述停止的條件（“當這發生時就停止”）而不是用負面表述（“一直執行直到條件成立為止”）。

continue

break 敘述會跳離迴圈。當在迴圈內遇見 continue 敘述時，控制權會立即跳回迴圈的開頭繼續執行下一迭代，而且會忽略目前執行中的迭代其餘的敘述。例如像這樣：

```
for i in 1:10
    if i % 3 == 0
        continue
    end
    print(i, " ")
end
```

會輸出：

```
1 2 4 5 7 8 10
```

如果 `i` 可以被 3 整除，`continue` 敘述會停止目前的迭代並開始下一次迭代。只有在介於 1 到 10 之間而且不會被 3 整除的數字會被印出來。

平方根

迴圈常被用於計算數值結果的程式中，它們會以近似答案開始並以迭代方式改善它。

例如，用來計算平方根的方法之一為牛頓法（Newton's method）。假設您想要計算 a 的平方根。如果您用任意的近似值 x 開始，您可以使用下列公式求得更好的估計值：

$$y = \frac{1}{2}\left(x + \frac{a}{x}\right)$$

例如，如果 a 是 4 且 x 是 3：

```
julia> a = 4
4
julia> x = 3
3
julia> y = (x + a/x) / 2
2.1666666666666665
```

這個結果會比較接近正確答案（$\sqrt{4} = 2$）。如果我們以這個新的估計值來重複此過程，答案會更接近：

```
julia> x = y
2.1666666666666665
julia> y = (x + a/x) / 2
2.0064102564102564
```

經過再幾次的更新後，估計值會十分精確：

```
julia> x = y
2.0064102564102564
julia> y = (x + a/x) / 2
2.0000102400262145
julia> x = y
2.0000102400262145
julia> y = (x + a/x) / 2
2.0000000000262146
```

一般而言我們無法事先知道要執行幾步才能得到正確答案，不過只要估計值停止變化後我們就知道該停了：

```
julia> x = y
2.0000000000262146
julia> y = (x + a/x) / 2
2.0
julia> x = y
2.0
julia> y = (x + a/x) / 2
2.0
```

當 y == x 時，我們便可以停止了。以下是一個迴圈，它使用 x 作為初始估計值，並逐步改善它直到它停止改變：

```
while true
    println(x)
    y = (x + a/x) / 2
    if y == x
        break
    end
    x = y
end
```

這段程式碼對於大部份的 a 值都可以正常運作，不過要測試兩個浮點數值是否相等其實還蠻危險的。浮點數值只是近似值：大部份的有理數（例如 $\frac{2}{3}$）以及無理數（例如 $\sqrt{2}$）都無法以 Float64 精確表達。

與其檢查 x 和 y 是否相等，比較安全的作法是使用內建函數 abs 來計算它們的差的絕對值（或大小）：

```
if abs(y-x) < ε
    break
end
```

其中 ε（**\varepsilon TAB**）是一個像是 **0.0000001** 這樣的值，它是用來決定要多接近才算夠近。

演算法

牛頓法為**演算法**（*algorithm*）的一個範例。演算法是用以解決某一類問題（在此例為計算平方根）的機械化過程。

為了瞭解演算法是什麼，先從不是演算法的事物開始可能會有幫助。當您開始學習個位數字的乘法時，您可能會死背九九乘法表。結果是您記住了 100 組特定解答。這種知識並不是利用演算法得到的。

但如果您很“懶惰”，您可能會學到一些技巧。例如要找出 *n* 和 9 的乘積，可以用 *n* -1 作為第一個數字並用 10 - *n* 作為第二個數字。這個技巧適用於所有乘以 9 的個位數字。這就是一個演算法！

同樣的，您學過的可進位加法、可借位的減法、以及長除法技巧都是演算法。演算法的特點之一是它們不需要任何智能來進行。它們只是一個機械化的過程，根據一組簡單的規則一步步的執行。

執行演算法頗為單調無聊，不過設計演算法卻十分有趣、具有挑戰性、而且在電腦科學裏很重要。

有些人們可以自然而然、不需思考完成的事情，卻是最難以用演算法表達的。瞭解自然語言便是一個好例子。我們都在做這件事，但卻沒有人可以解釋我們是如何完成的，至少不能以演算法的形式解釋。

除錯

當您寫的程式愈來愈大時，會發現花了更多時間在除錯上。愈長的程式碼代表犯錯的機會愈大，以及隱藏著臭蟲的地方更多。

一種降低除錯時間的作法為“二分法除錯”。例如，如果您的程式有 100 行並且您一行一行進行除錯，會花上 100 個步驟。

另一種作法是試著將程式切成兩半。找出程式中間點或附近的一個中介變數值來檢查。加上一列印敘述（或其他具有驗證效果的敘述）後再執行程式。

如果中點檢查的結果是錯的，則在程式前半段一定有錯。但如果它是正確的，問題就出現在後半段中。

每次您執行這樣的檢查，就可以將需要搜尋的程式碼範圍減半。理論上，在 6 個步驟後（此數量明顯少於 100），就會只剩下一、兩行的程式碼需要檢查。

實務上，"程式的中間點" 並不是很明確而且也不一定可以被檢驗。用行數來找出中間點其實沒什麼意義。取而代之，找找程式裏可能會出錯並且容易檢查的位置。然後再選出您覺得臭蟲會出現在所選的位置之前或之後的機會相等的位置進行檢查。

詞彙表

重新指定（*reassignment*）

　將新的值指定給已存在的變數。

更新（*update*）

　在指定敘述中，根據變數的舊值來訂定新值。

初使化（*initialization*）

　指定初始值給後續會進行更新的變數。

增量（*increment*）

　增加變數的值（通常是加 1）的一種更新。

減量（*decrement*）

　減少變數的值的更新。

迭代（*iteration*）

　使用遞迴或迴圈重複執行一組敘述。

`while` 敘述（`while` *statement*）

　一種允許進行條件控制的迭代。

無窮迴圈（*infinite loop*）

一種永遠不會到達終止條件的迴圈。

break 敘述（break *statement*）

一種允許跳出迴圈的敘述。

continue 敘述（continue *statement*）

位於迴圈內可以跳至下一次迴圈的開頭的敘述。

演算法（*algorithm*）

用以解決某一類問題的通用程序。

習題

習題 7-2

複製第 86 頁的“平方根”小節內的迴圈，並封裝成名稱為 mysqrt 的函數，它會接受 a 作為引數、選擇適當的 x 數值、並傳回 a 的平方根之近似值。

為了測試它，寫一個稱為 testsquareroot 的函數，並產生類似以下的輸出：

```
a   mysqrt             sqrt               diff
-   ------             ----               ----
1.0 1.0                1.0                0.0
2.0 1.414213562373095  1.4142135623730951 2.220446049250313e-16
3.0 1.7320508075688772 1.7320508075688772 0.0
4.0 2.0                2.0                0.0
5.0 2.23606797749979   2.23606797749979   0.0
6.0 2.449489742783178  2.449489742783178  0.0
7.0 2.6457513110645907 2.6457513110645907 0.0
8.0 2.82842712474619   2.8284271247461903 4.440892098500626e-16
9.0 3.0                3.0                0.0
```

第一行為一個值，即 a；第二行是以 mysqrt 計算出的 a 的平方根；第三行是以 sqrt 所計算的平方根；第四行則為前面兩者的差的絕對值。

習題 7-3

內建函數 Meta.parse 會接受字串作為引數並將其轉換為運算式。此運算式可以在 Julia 中使用 Core.eval 函數進行賦值。例如：

```
julia> expr = Meta.parse("1+2*3")
:(1 + 2 * 3)
julia> eval(expr)
7
julia> expr = Meta.parse("sqrt(π)")
:(sqrt(π))
julia> eval(expr)
1.7724538509055159
```

寫一個名稱為 evalloop 的函數，它會重複的提示使用者輸入、接受輸入、再利用 eval 進行賦值，並印出其結果。它會持續運行直到使用者輸入 **done** 為止，此時會傳回最後一個運算式賦值之結果。

習題 7-4

數學家 Srinivasa Ramanujan 找到一個無限序列來產生 $\frac{1}{\pi}$ 的近似值：

$$\frac{1}{\pi} = \frac{2\sqrt{2}}{9801}\sum_{k=0}^{\infty}\frac{(4k)!(1103 + 26390k)}{(k!)^4 396^{4k}}$$

寫一個名稱為 estimatepi 的函數來計算並傳回 π 的近似值。它應該用 while 迴圈來計算加總裏面的項，直到這個項最後小於 1e-15（Julia 裏對 10^{-15} 的表示法）為止。您可以把這個結果和 π 進行比較。

第八章

字串

字串和整數、浮點數、以及布林數值都不一樣。一個字串是一個**序列**（*sequence*），也就是由其他值所構成的具有順序性的聚集。本章中您會學到如何存取構成字串的字元，還有 Julia 所提供的字串處理函數。

字元

英語系國家人民很熟悉字元（character），例如字母（A、B、C、…）、數字、以及常用標點符號。這些字元依照 *ASCII standard*（美國資訊交換標準碼）對應到 0 至 127 間的整數。

當然還有一些用於非英語語言的其他字元，包括加上發音符號以及其他修飾符號的 ASCII 字元、和英文相關的字母如西里爾（Cyrillic）字母和希臘字母、以及和 ASCII 與英文完全無關的字母，如阿拉伯文、中文、希伯來文、印度文、日文、以及韓文。

萬國碼標準（*Unicode standard*）解決了字元的繁複問題，並被廣泛接受為此問題的標準解答。它為世界上所有字母提供了獨一無二的數值。

Char 型別的值代表一個單一字元，它會由單引號所包圍：

```
julia> 'x'
'x': ASCII/Unicode U+0078 (category Ll: Letter, lowercase)
julia> '🍌'
'🍌': Unicode U+01f34c (category So: Symbol, other)
julia> typeof('x')
Char
```

甚至連表情符號（emojis）都是萬國碼標準的一部份（**\:banana: TAB**）。

字串是一個序列

字串為由字元所構成的序列。您可以使用方括號運算子（[]）來存取其中的字元：

```
julia> fruit = "banana"
"banana"
julia> letter = fruit[1]
'b': ASCII/Unicode U+0062 (category Ll: Letter, lowercase)
```

上面的第二個敘述從 fruit 中選擇 1 號字元並將指定它給 letter。

在方括號內的運算式被稱為**索引**（*index*）。索引是用來指出序列中您想要存取的那個字元（所以才叫這個名稱）。

Julia 的索引都是以 1 為基底的。任何物件，如果它是以整數作為索引，這個物件的第一個元素的索引值都是 1，而且它的最後一個元素的索引值是 end：

```
julia> fruit[end]
'a': ASCII/Unicode U+0061 (category Ll: Letter, lowercase)
```

包含變數和運算子的運算式也可以作為索引：

```
julia> i = 1
1
julia> fruit[i+1]
'a': ASCII/Unicode U+0061 (category Ll: Letter, lowercase)
julia> fruit[end-1]
'n': ASCII/Unicode U+006e (category Ll: Letter, lowercase)
```

不過索引的數值一定要是整數。否則您會得到：

```
julia> letter = fruit[1.5]
ERROR: MethodError: no method matching getindex(::String, ::Float64)
```

長度

length 是一個內建函數，它會傳回字串所包含的字元數量：

```
julia> fruits = "🍌 🍎 🍐"
"🍌 🍎 🍐"
julia> len = length(fruits)
5
```

要取得字串的最後一個字母，您可能會這麼嘗試：

```
julia> last = fruits[len]
' ': ASCII/Unicode U+0020 (category Zs: Separator, space)
```

不過您可能得不到您預期的結果。

字串使用 *UTF-8 編碼*（*UTF-8 encoding*）。UTF-8 是一種可變寬度編碼，代表不是所有的字元都是用同樣多的位元組來編碼。

`sizeof` 函數會傳回字串所使用的位元組數量：

```
julia> sizeof("🍌")
4
```

由於表情符號使用 4 個位元組來編碼，而且字串索引是以位元組為基礎，`fruits` 的第五個元素是 `SPACE` 字元。

這也代表不是 UTF-8 字串中的所有索引都一定指向一個正確的字元。如果索引指至字串的不正確位置，會產生錯誤：

```
julia> fruits[2]
ERROR: StringIndexError("🍌 🍎 🍐", 2)
```

在 `fruits` 中，字元 🍌 是一個 4 位元組字元，因此索引 2、3、和 4 都是不合法的。下一個字元的索引是 5；這個正確的索引可以用 `nextind(fruits, 1)` 取得，而後我們可以再以 `nextind(fruits, 5)` 取得下一個字元的索引，依此類推。

尋訪

許多計算牽涉到一次只處理字串裏的一個字元。它們通常會從字串的開頭開始，選出下一個字元、進行處理、再以同樣的方式繼續直到字串結尾。這樣的樣式稱為*尋訪*（*traversal*）。進行尋訪的方法之一是使用 `while` 迴圈：

```
index = firstindex(fruits)
while index <= sizeof(fruits)
    letter = fruits[index]
    println(letter)
    global index = nextind(fruits, index)
end
```

這個迴圈會尋訪字串並將每一個字母顯示成一行。迴圈的條件式為 `index <= sizeof(fruit)`，所以當 `index` 大於字串的大小（以位元組為單位）時，條件就會為假而且不會執行迴圈的本體。

`firstindex` 函數傳回第一個合法的位元組索引值。在 `index` 前的關鍵字 `global` 表示我們想要重新指定在 `Main` 中定義的變數 `index`（參見第 148 頁的“全域變數”小節）。

習題 8-1

寫一個函數，它會接受字串作為引數並反向顯示字串裏的字母，每字母顯示為一行。

另一個撰寫尋訪程式的方法是使用 `for` 迴圈：

```
for letter in fruits
    println(letter)
end
```

每一次執行迴圈，字串中的下一個字母都會被指定給變數 `letter`。迴圈會一直執行到沒有剩餘字元為止。

下一個範例展示了如何使用連接（字串乘法）和 `for` 迴圈來建立照字母順序排序的系列。在 Robert McCloskey 的書《讓路給小鴨子》（*Make Way for Ducklings*）（Puffin 出版）中，小鴨的名字是 Jack、Kack、Lack、Mack、Nack、Ouack、Pack、和 Quack。以下的迴圈依序顯示這些名字：

```
prefixes = "JKLMNOPQ"
suffix = "ack"

for letter in prefixes
    println(letter * suffix)
end
```

不過輸出並不是完全正確，因為“Ouack”和“Quack”拼錯了：

```
Jack
Kack
Lack
Mack
Nack
Oack
Pack
Qack
```

習題 8-2

修改上面的程式以修正此錯誤。

字串切片

字串的片段稱為**切片**（*slice*）。在字串中選擇切片的方式和選擇字元的方式相似：

```
julia> str = "Julius Caesar";

julia> str[1:6]
"Julius"
```

在 REPL 模式中分號不但可以將多行敘述放在同一行，也可以用來隱藏輸出。

運算子 `[n:m]` 會傳回字串中從第 *n* 個位元組到第 *m* 個位元組之間的部份。

`end` 關鍵字可用來代表字串的最後一個位元組：

```
julia> str[8:end]
"Caesar"
```

如果第一個索引大於第二個索引時結果會是**空字串**（*empty string*）。空字串是以兩個連續的雙引號表示：

```
julia> str[8:7]
""
```

空字串不包含任何字元，而且它的長度是 0。除此之外，它和其他的字串擁有同樣的性質。

習題 8-3

持續這個範例，您認為 `str[:]` 代表什麼？試看看結果為何。

字串是不可改變的

您可能會想要將 [] 運算子用於指定敘述的左邊，試圖想要改變字串內的字元。例如：

```
julia> greeting = "Hello, world!"
"Hello, world!"
julia> greeting[1] = 'J'
ERROR: MethodError: no method matching setindex!(::String, ::Char, ::Int64)
```

發生錯誤的原因為字串是**不可改變的**（*immutable*），也就是您不能改變已存在的字串。您最多可以使用原字串來建立新字串：

```
julia> greeting = "J" * greeting[2:end]
"Jello, world!"
```

這個範例將一個新的字首字母和 greeting 的切片連接。它並沒有對原字串造成影響。

字串內插

使用連接來建立字串可能會很麻煩。為了降低頻繁呼叫 string 或者進行重複的字串乘法的需要，Julia 允許我們使用 $ 進行**字串內插**（*string interpolation*）：

```
julia> greet = "Hello"
"Hello"
julia> whom = "World"
"World"
julia> "$greet, $(whom)!"
"Hello, World!"
```

這樣比字串連接更易讀又方便：

```
greet * ", " * whom * "!"
```

$ 後面的那個最短的完整運算式的值就會被內插入字串中。因此您可以使用括號將任何的運算式內插入字串中：

```
julia> "1 + 2 = $(1 + 2)"
"1 + 2 = 3"
```

搜尋

以下的函數是在做什麼？

```
function find(word, letter)
    index = firstindex(word)
    while index <= sizeof(word)
        if word[index] == letter
            return index
        end
        index = nextind(word, index)
    end
    -1
end
```

感覺起來，find 是 [] 運算子的反運算。它不是接受索引並取出對應的字元，而是接受字元並找出它所出現的位置的索引。如果找不到這個字元，函數會傳回 -1。

這是我們第一個在迴圈內看到 return 敘述的範例。如果 word[index] == letter，函數會跳離迴圈並立即離開函數。

如果字元沒有出現在字串中，程式會正常跳離迴圈並傳回 -1。

這種計算的樣式——尋訪一個序列並傳回我們所尋找的事物——被稱為**搜尋**（*search*）。

習題 8-4

修改 find 以使它接受第三個參數，它是 word 的一個索引，用來作為開始搜尋的起點。

迴圈與計數

下列程式會計算字串中字母 a 的出現次數：

```
word = "banana"
counter = 0
for letter in word
    if letter == 'a'
        global counter = counter + 1
    end
end
println(counter)
```

這個程式展現了另一種稱為**計數器**（*counter*）的計算樣式。變數 counter 的初始值是 0，而且每次找到 a 時就會將它的值加一。當跳離迴圈時，counter 會包含了計算的結果，也就是 a 的總數。

習題 8-5

將這段程式碼封裝成名稱為 count 的函數，並將其通用化使得它可以接受字串和字母作為引數。

然後再改寫此函數，讓它不再使用字串尋訪，而是使用前一小節所介紹的三參數版 find 函數來進行實作。

字串程式庫

Julia 提供了一系列函數來對字串進行有用的運算。例如，函數 uppercase 接受字串為引數並傳回全為大寫字母的字串：

```
julia> uppercase("Hello, World!")
"HELLO, WORLD!"
```

事實上，有一個名稱為 findfirst 的函數和我們之前寫的 find 函數十分相似：

```
julia> findfirst("a", "banana")
2:2
```

實際上，findfirst 函數比我們的函數更通用化。它可以查找子字串，而不只是字元：

```
julia> findfirst("na", "banana")
3:4
```

findfirst 預設會從字串開頭開始查找，但函數 findnext 則可以接受第三個引數來指出它應該從哪裏開始查找：

```
julia> findnext("na", "banana", 4)
5:6
```

∈ 運算子

∈（**\in TAB**）運算子是一種布林運算子，它接受字元及字串，並於前者出現在後者中時傳回 true：

```
julia> 'a' ∈ "banana"    # 'a' 屬於 "banana"
true
```

例如，以下函數會列印所有同時出現在 word1 和 word2 中的字母：

```
function inboth(word1, word2)
    for letter in word1
        if letter ∈ word2
            print(letter, " ")
        end
    end
end
```

只要變數名稱選的好，Julia 有時唸起來也蠻像英文的。您可以將此迴圈讀作“對屬於（第一個）單字的（每一個）字母，如果（這個）字母是（第二個）單字的元素，就印出（這個）字母”。

以下是比較 "apples" 和 "oranges" 的結果：

```
julia> inboth("apples", "oranges")
a e s
```

字串比較

關係運算子也可運作在字串上。我們可以使用 == 來檢查兩個字串是否相同：

```
word = "Pineapple"
if word == "banana"
    println("All right, bananas.")
end
```

其他的關係運算在將單字依字典順序排列時很有用：

```
if word < "banana"
    println("Your word, $word, comes before banana.")
elseif word > "banana"
    println("Your word, $word, comes after banana.")
else
    println("All right, bananas.")
end
```

Julia 處理大小寫字母的作法和人們不一樣。所有大寫字母都排在小寫字母之前，所以：

```
Your word, Pineapple, comes before banana.
```

一個處理這個問題的常見作法是在執行比較前先將字串轉換為標準格式，例如全部轉為小寫。

除錯

當您使用索引來尋訪序列裏的數值時，要正確的取得尋訪的起點和終點是需要技巧的。下面這個函數的目標是比較兩個單字，並在其中之一是另一個字的反向文字時傳為 true，不過這個函數包含兩個錯誤：

```
function isreverse(word1, word2)
    if length(word1) != length(word2)
        return false
    end
    i = firstindex(word1)
    j = lastindex(word2)
    while j >= 0
        j = prevind(word2, j)
        if word1[i] != word2[j]
            return false
        end
        i = nextind(word1, i)
    end
    true
end
```

第一個 if 敘述檢查兩個單字的長度是否相等。若不相等會立即傳回 false。否則在程式的其餘部份我們都可以假設兩個單字具有相同長度。這是守護者樣式的一個範例；參見第 75 頁的“檢查型別”小節。

i 和 j 都是索引。i 會向前尋訪 word1 而 j 會向後尋訪 word2。如果尋訪過程中發現兩個字母不相符時，我們便可以立即傳回 false。如果執行完整個迴圈後發現所有字母都符合，那就傳回 true。

lastindex 函數會傳回一個字串的最後一個位元組索引，而 prevind 則會傳回某一字元的前一個合法的索引。

如果我們以單字“pots”和“stop”來測試這個函數，我們當然會預測它會傳回 true，不過結果卻得到 false：

```
julia> isreverse("pots", "stop")
false
```

要對這類的錯誤進行除錯，首先我會列印索引的數值：

```
    while j >= 0
        j = prevind(word2, j)
        @show i j
        if word1[i] != word2[j]
```

再度執行程式時，我就會得到更多資訊：

```
julia> isreverse("pots", "stop")
i = 1
j = 3
false
```

第一次執行迴圈時，j 的數值是 3，但應該是 4 才對。我們可以把 j = prevind(word2, j) 移到 while 迴圈的尾端來解決這個問題。

如果我修正了這個錯誤後再執行程式，就會得到：

```
julia> isreverse("pots", "stop")
i = 1
j = 4
i = 2
j = 3
i = 3
j = 2
i = 4
j = 1
i = 5
j = 0
ERROR: BoundsError: attempt to access "pots"
  at index [5]
```

這次出現了 BoundsError 錯誤。這是因為 i 的值是 5，超過字串 "pots" 的範圍。

習題 8-6

在紙上執行這個程式，在每一次的迭代中改變 `i` 和 `j` 的值。找出並修正函數的第二個錯誤。

詞彙表

序列（*sequence*）

由值所構成的有序聚集，它的每一個值都可以用一個整數索引來識別。

ASCII 標準（*ASCII standard*）

用於電子交換的字元編碼標準，共指明了 128 個字元。

萬國碼標準（*Unicode standard*）

電腦工業的標準，用以針對世界上大部份書寫體系所使用文字進行一致性的編碼、表達、以及處理。

索引（*index*）

用來從一個序列選出某一項目（如字串中的字元）的整數數值。Julia 的索引由 1 開始。

UTF-8 編碼（*UTF-8 encoding*）

一種可變寬度的字元編碼方式，可以用 1 到 4 個位元組來編碼萬國碼中的 1,112,064 個合法字元。

尋訪（*traverse*）

對序列中的每一項目進行迭代並對它進行類似的運算。

切片（*slice*）

字串的一部份，以索引的範圍來界定之。

空字串（*empty string*）

一個不包含任何字元的字串，它的長度是 0，會以連續兩個雙引號來表示。

不可改變的（*immutable*）

序列的一種特性，表示序列中的項目是不可以被改變的。

字串內插（*string interpolation*）

將字串中的一個或多個位置以相對應的值取代的過程。

搜尋（*search*）

尋訪的一種樣式，當找到所要尋找的項目時便停止。

計數器（*counter*）

用來計算某事物出現次數的變數，通常會把它初始化為 0 而後再進行增量。

習題

習題 8-7

閱讀字串函數的文件說明（*http://bit.ly/2VnkAvC*）。您可能要試一下這些函數以確保能瞭解它們的運作。其中 `strip` 和 `replace` 特別有用。

文件說明中所使用的語法可能會造成一些混淆。例如，在 `search(string::AbstractString, chars::Chars, [start::Integer])` 中，方括號代表可選的引數。所以 `string` 和 `chars` 是必要的，但是 `start` 是可有可無的。

習題 8-8

有一個名稱為 `count` 的內建函數和第 99 頁“迴圈與計數”小節內的函數類似。閱讀此函數的說明文件並用它來計算 `"banana"` 中 `a` 的次數。

習題 8-9

字串切片是可以接受第三個索引的。第一個索引代表起點，第三個是結尾，第二個則是“步伐大小”，也就是兩個字元間要跳過幾個字元。步伐大小是 2 代表每兩個字元；3 代表每三個字元，依此類推。例如：

```
julia> fruit = "banana"
"banana"
julia> fruit[1:2:6]
"bnn"
```

步伐大小是 `-1` 會反向前進，所以切片 `[end:-1:1]` 會產生反向字串。

使用此慣用語法來改寫第 79 頁“習題 6-6”的 ispalindrome 函數為，只包含一行程式碼的版本。

習題 8-10

下列函數都是要用來檢查字串是否有包含任何小寫字母，不過其中有些是錯的。試著描述每個函數的實際作為（假設參數是字串）。

```
function anylowercase1(s)
    for c in s
        if islowercase(c)
            return true
        else
            return false
        end
    end
end

function anylowercase2(s)
    for c in s
        if islowercase('c')
            return "true"
        else
            return "false"
        end
    end
end

function anylowercase3(s)
    for c in s
        flag = islowercase(c)
    end
    flag
end

function anylowercase4(s)
    flag = false
    for c in s
        flag = flag || islowercase(c)
    end
    flag
end
```

```
function anylowercase5(s)
    for c in s
        if !islowercase(c)
            return false
        end
    end
    true
end
```

習題 8-11

凱撒加密（Caesar cypher）是一種不是很強的加密方式，它的作法是將每一字母“迴轉”固定數量的位置。迴轉字母代表依照字母順序來移動，必要時迴轉回開頭，所以 *A* 迴轉 3 位會成為 *D*，而 *Z* 迴轉 1 位會成為 *A*。

要迴轉一個單字，把它所有的字母都迴轉相同的位數。例如，"cheer" 迴轉 7 位會成為 "jolly"，"melon" 迴轉 -10 位會成為 "cubed"。在電影 *2001 年太空漫遊*中，太空船內的電腦名為“HAL”，其實就是“IBM”迴轉 -1 位的結果。

寫一個名稱為 rotateword 的函數，接受字串與整數作為參數，並傳回這個字串迴轉整數位數的結果。

您可能會想要使用內建函數 Int 來將字元轉換為其數值編碼，以及使用 Char 將數值編碼轉換為其對應字元。英文字母是依照字母順序進行編碼，所以舉例而言：

```
julia> Int('c') - Int('a')
2
```

因為 *c* 是字母表裏的第三個字母。不過小心——大寫字母的數值編碼是不同的：

```
julia> Char(Int('A') + 32)
'a': ASCII/Unicode U+0061 (category Ll: Letter, lower case)
```

網路上冒犯性的笑話有時會以 ROT13 進行編碼，也就是迴轉 13 位的凱撒加密。如果您不太會在意受到冒犯，試著找出並解碼一些這類笑話。

第九章

案例探討：單字遊戲

本章呈現第二件案例探討，我們會藉由搜尋具有某些特性的單字來解開字謎。例如，我們會找出英文中最長的迴文和搜尋單字裏的字母是依照字母順序出現的單字。我還會介紹另一種開發計畫：縮減至前一個已解問題。

讀取單字串列

本章的習題中我們需要使用英文單字的串列。在網路上有許多單字串列，但最適合我們目的的是由 Grady Ward 為了 Moby 詞庫計畫（*http://bit.ly/2IbZfl5*）所蒐集和提供給公眾使用的單字串列。它包含了 113,809 個正規的縱橫字（cross-words），也就是可以合法用於填字遊戲和其他單字遊戲中的單字。在 Moby 資料集中它的檔名是 *113809of.fic*，您可以從本書的 GitHub 知識庫中下載一份並更名為簡單一點的 *words.txt*（加網址）。

這個檔案是一個普通文字檔，因此可以用文字編輯器開啟它，不過也可以從 Julia 中讀取它。內建函數 `open` 會接受檔名為參數並傳回檔案串流以讀取這個檔案：

```
julia> fin = open("words.txt")
IOStream(<file words.txt>)
```

`fin` 是一個用於輸入的檔案串流。當不再需要它時，可以用 `close(fin)` 來關閉它。

Julia 提供了幾個可以用來讀取檔案的函數。其中 `readline` 可以從檔案中讀取字元直至遇見 `NEWLINE` 為止，並將結果以字串傳回：

```
julia> readline(fin)
"aa"
```

這個串列的第一個單字是“aa”，是一種岩漿的名稱。

檔案串流會記錄它目前在檔案的位置，因此當您再度呼叫 readline 時，會得到下一個單字：

```
julia> readline(fin)
"aah"
```

下一個字是“aah”。不要懷疑，這是完全合法的單字。

您也可以將檔案用在 for 迴圈中。以下的程式會讀取 *words.txt* 後再印出其中的字，每字一行：

```
for line in eachline("words.txt")
    println(line)
end
```

習題

習題 9-1

寫一個程式來讀取 *words.txt*，並印出裏面所有長度超過 20 個字元（空白不算）的單字。

習題 9-2

1939 年時 Ernest Vincent Wright 出版了一本 5 萬字的小說，書名為 *Gadsby*。這本書中沒有用到任何的字母 *e*。由於 *e* 是英文中最常見的字母，要寫出這樣的書實在不容易。

事實上，不使用這個最常見的字母來表達想法是一件非常困難的事。一開始時會很慢。不過如果您夠專注，再加上幾個小時的練習後，您會漸漸抓到訣竅的。

好吧，不再多說了。

寫一個名稱為 hasno_e 的函數，當一個單字不包含字母 *e* 時會傳回 true。

修改上一個習題的程式，讓它只印出沒有 *e* 的單字，並計算沒有 *e* 的單字之比例。

習題 9-3

寫一個名稱為 avoids 的函數，它會接受一個單字和一個包含禁用字母的字串作為引數，當這個單字不包含任何禁用字母時會傳回 true。

然後修改您的程式來提示使用者輸入一個包含禁用字母的字串，再印出不包含這些字母的單字的數量。您有辦法找出一組 5 個字母的組合來排除最少的單字嗎？

習題 9-4

寫一個名稱為 usesonly 的函數，它會接受一個單字和一個字串作為引數，當這單字只包含來自那字串中的字母時就傳回 true。您能只用字母 acefhlo 來造出一個句子嗎？"Hoe alfalfa"（荷蘭文，鋤頭苜蓿）不算喔。

習題 9-5

寫一個名稱為 usesall 的函數，它會接受一個單字和一個字串作為引數，當這單字包含來自那字串中的字母各至少一次時就傳回 true。有多少單字會包含所有母音字母 aeiou 呢？ aeiouy 呢？

習題 9-6

寫一個名稱為 isabecedarian 的函數，如果單字中的字母都是依照字母順序出現時（在此允許重複字元出現）就傳回 true。有多少這種單字存在呢？

搜尋

上一節裏的所有習題都有一個共通點：它們都可以用搜尋樣式來解決。最簡單的範例如下：

```
function hasno_e(word)
    for letter in word
        if letter == 'e'
            return false
        end
    end
    true
end
```

這裏的 for 迴圈會依序尋訪單字裏的所有字母。如果發現字母 *e* 就立即傳回 false；否則就再繼續尋訪下一個字母。如果正常的執行完迴圈就代表沒有找到 *e*，此時就會傳回 true。

其實您可以使用∉（**\notin TAB**）運算子寫出一個更精簡的版本，不過在此我先由這個版本開始，因為它展示了搜尋樣式的邏輯架構。

avoids 是 hasno_e 的通用版本，不過它們的結構是一樣的：

```
function avoids(word, forbidden)
    for letter in word
        if letter ∈ forbidden
            return false
        end
    end
    true
end
```

在這個函數中只要找到一個禁用字母就立即傳回 false。如果執行到迴圈結束，那就傳回 true。

usesonly 的結構也差不多，除了條件的用法相反之外：

```
function usesonly(word, available)
    for letter in word
        if letter ∉ available
            return false
        end
    end
    true
end
```

在此用一個可用字母陣列來取代禁用字母陣列。如果在單字中找到一個不在 available 中的字母，就傳回 false。

usesall 和上面的函數也很類似，只是我們將單字和字母字串的角色互換：

```
function usesall(word, required)
    for letter in required
        if letter ∉ word
            return false
        end
    end
    true
end
```

在迴圈中我們尋訪所有必需出現的字母，而不是尋訪 word 中的字母。如果任何必需出現的字母沒有出現在 word 中時，就傳回 false。

如果您的思維真的像電腦科學家一樣的話，您應該已經發現 usesall 其實是前一個函數的特例，所以可以寫成：

```
function usesall(word, required)
    usesonly(required, word)
end
```

這是稱為**縮減為之前已解決問題**（*reduction to a previously solved problem*）的程式開發計畫的一個範例。這種作法是認知到目前正在解決的問題其實是之前已經解決問題的一個特例，所以可以直接套用這個已解決問題的解法。

運用索引在迴圈中

前一節中我用 for 迴圈來完成那些函數的原因是，我只需要使用字串中的字元而不需要用索引來做任何事。

但對 isabecedarian 而言，我們必須比較相鄰的字母。如果要用 for 迴圈來完成需要一些技巧：

```
function isabecedarian(word)
    i = firstindex(word)
    previous = word[i]
    j = nextind(word, i)
    for c in word[j:end]
        if c < previous
            return false
        end
        previous = c
    end
    true
end
```

另一種寫法則是使用遞迴：

```
function isabecedarian(word)
    if length(word) <= 1
        return true
    end
    i = firstindex(word)
    j = nextind(word, i)
```

```
        if word[i] > word[j]
            return false
        end
        isabecedarian(word[j:end])
    end
```

另一個選擇是使用 while 迴圈：

```
    function isabecedarian(word)
        i = firstindex(word)
        j = nextind(word, 1)
        while j <= sizeof(word)
            if word[j] < word[i]
                return false
            end
            i = j
            j = nextind(word, i)
        end
        true
    end
```

迴圈從 i=1 和 j=nextind(word, 1) 開始，至 j>sizeof(word) 時結束。每一次經過迴圈，會比較第 i 個字元（可看做是目前字元）和第 j 個字元（可看做是下個字元）。

如果下個字元小於（也就是依字母順序排在較前面）目前字元，那麼我們就找到了一個違反規則的地方，因此就應該傳回 false。

如果一直到迴圈執行完畢都沒有找到發生錯誤的地方，代表這個單字通過測試。如果您不太確定是否真是如此，可以用像 "flossy" 這樣的字來測試看看。

以下的 ispalindrome 版本用了兩個索引；一個從頭往後，另一個從尾往前：

```
    function ispalindrome(word)
        i = firstindex(word)
        j = lastindex(word)
        while i<j
            if word[i] != word[j]
                return false
            end
            i = nextind(word, i)
            j = prevind(word, j)
        end
        true
    end
```

我們也可以將這個問題縮減至前一個已解決問題，並用第 102 頁的“除錯”小節中的 `isreverse` 來寫：

```
function ispalindrome(word)
    isreverse(word, word)
end
```

除錯

測試程式的正確與否很難。本章中的範例還算是容易測試的，因為可以用手動的方式來檢驗。即使如此，要找出一組單字來測試所有可能發生的錯誤仍舊是極其困難的。

以 `hasno_e` 為例，我們有兩種明顯的狀況要檢查：有包含 *e* 的單字應該要傳回 `false`，沒有包含 *e* 的應該傳回 `true`。要進行這樣的檢查對您而言應該不會太困難。

在每一個案例中，還會有一些沒有那麼明顯的子狀況。在所有包含 *e* 的單字中，您還應該要測試其中以 *e* 開頭的字、以 *e* 結尾的字、和 *e* 落在中間的字。您也應該測試長的字、短的字、以及非常短的字，例如空字串。空字串是一個常常會導致錯誤發生的不明顯特例。

除了用您所選擇的案例來測試外，也可以用 *words.txt* 這樣的單字串列來測試程式。藉由檢視程式的輸出，您可能會抓到一些錯誤。不過要小心的是，您可能會只抓到某一類錯誤（例如該出現的字沒出現）而沒抓出其他類的錯誤（例如不該出現的字出現了）。

一般而言，測試可以幫忙找出錯誤，但要產生好的測試案例集並不容易。即使完成了測試，仍然不能確保程式是正確的。一位傳奇電腦科學家說過：

> 程式測試可被用來顯示臭蟲是存在的，但絕不是用來顯示臭蟲是不存在的！
>
> （Program testing can be used to show the presence of bugs, but never to show their absence!）
>
> —Edsger W. Dijkstra

詞彙表

檔案串流（*file stream*）

一個用來代表已開啟檔案的值。

縮減為前一個已解決問題（*reduction to a previously solved problem*）

一種解決問題的方法，藉由將問題表達為先前已經解決的問題的特例來解決此問題。

特例（*special case*）

一種非典型或不常見的測試案例（因此比較無法正確的處理）。

習題

習題 9-7

以下的問題是根據廣播節目 *Car Talk*（*http://bit.ly/2OM2Fwp*）所播放的一個解謎問題而來：

> 我想要找出一個包含連續三組雙重字母（double letters）的單字。我會想到一些很像但不符合規定的字。例如 committee，c-o-m-m-i-t-t-e-e。這個字幾乎符合要求了，只是有個 i 躲在裏面。或是另一個字 Mississippi——M-i-s-s-i-s-s-i-p-p-i，只要拿掉裏面所有的 i 它就是了。不過就我所知的確存在一個（或許是唯一一個）包含連續三組雙重字母的字。當然有可能還有其他的 500 個，不過我只知道這一個。請問是什麼字呢？

寫一個程式來找出這個字。

習題 9-8

以下是另一個 *Car Talk* 謎題：

> 前幾天我開車上路，剛好看到我的哩程表。和現在一般的哩程表一樣，它會顯示 6 個數字——只顯示完整的哩數，而沒有小數點。所以如果我開了 300,000 英哩，我會看到 3-0-0-0-0-0 …。

> 那天我看到的數字很有趣，其中至少 4 個數字是迴文，也就是順讀和反讀都是一樣的。例如 "5-4-4-5" 就是迴文。所以我的哩程可能是 3-1-5-4-4-5 …。
>
> 再開了一英哩後，最後的 5 個數字是迴文，如 3-6-5-4-5-6。
>
> 又再開了一英哩後，位於 6 個數字中間的 4 個數字變成迴文。… 還有還有！再開了一英哩後，全部的數字都構成迴文！…
>
> 問題是，我一開始看到的哩程數是多少呢？

寫一個 Julia 程式來測試所有 6 位數字，並印出所有符合這些要求的數字。

習題 9-9

以下是第三個 *Car Talk* 謎題，您可以使用搜尋來解決它：

> 最近我去看我媽時發現我年齡的數字反過來就是她的年齡。例如她如果是 73 歲，我就是 37 歲。我們很好奇從以前開始這樣的情況出現了幾次，不過那時有事分心了就沒有再繼續找出答案。
>
> 我回家後算了一下，我們的年齡有 6 次相反。我也發現運氣好的話幾年後就會再遇到一次。運氣再更好一點的話還會再遇到一次。也就是說，可能在一生中會遇見 8 次。這裏的問題是，我現在幾歲？

寫一個 Julia 程式用搜尋來找出此問題的答案。

`lpad` 函數可能會有用。

第十章

陣列

在本章中我們要介紹 Julia 最具威力的內建型別之一：陣列。您也會學到何謂物件，以及相同物件具有多個名稱時會發生什麼事。

陣列是一個序列

和字串一樣，**陣列**由一連串的值所構成。在字串中，這些值是字元；在陣列中，它們可以是任何型別。陣列中的值稱為**元素**（*element*）或**項目**（*item*）。

要建立新的陣列有幾種方式。最簡單的方式是將元素用方括號（`[ ]`）包圍起來：

```
[10, 20, 30, 40]
["crunchy frog", "ram bladder", "lark vomit"]
```

第一個範例是由四個整數所構成的陣列，第二個範例是由三個字串所構成的陣列。陣列中的元素不一定要屬於同一種型別。下面這個陣列包含了一個字串、一個浮點數、一個整數、以及另一個陣列：

```
["spam", 2.0, 5, [10, 20]]
```

被包含在另一個陣列中的陣列稱為**巢狀**（*nested*）陣列。

沒有包含任何元素的陣列稱為空陣列（empty array）。您可以用一組空的方括號 `[]` 來建立一個空陣列。

您可能已經猜到了，陣列可以被指定給一個變數：

```
julia> cheeses = ["Cheddar", "Edam", "Gouda"];

julia> numbers = [42, 123];

julia> empty = [];

julia> print(cheeses, " ", numbers, " ", empty)
["Cheddar", "Edam", "Gouda"] [42, 123] Any[]
```

typeof 函數可用來找出陣列的型別：

```
julia> typeof(cheeses)
Array{String,1}
julia> typeof(numbers)
Array{Int64,1}
julia> typeof(empty)
Array{Any,1}
```

上面的數字代表維度（我們會在第 264 頁的“陣列”小節中再深入探討）。empty 陣列包含型別為 Any 的值，也就是它可以包含任意型別的值。

陣列是可改變的

用來存取陣列元素的語法和存取字串中字元的語法相同——也就是使用方括號運算子。方括號中的運算式被用來作為索引。別忘了索引值是由 1 開始：

```
julia> cheeses[1]
"Cheddar"
```

和字串不一樣的地方是，陣列是**可改變的**（*mutable*）；也就是說，我們可以更改陣列元素的值。當方括號運算子出現在指定敘述的等號左邊，代表這個元素將會被指定為一個新的值：

```
julia> numbers[2] = 5
5
julia> print(numbers)
[42, 5]
```

numbers 陣列的第二個元素原來的值是 123，現在變成 5 了。

圖 10-1 顯示了 cheeses、numbers、和 empty 陣列的狀態圖。

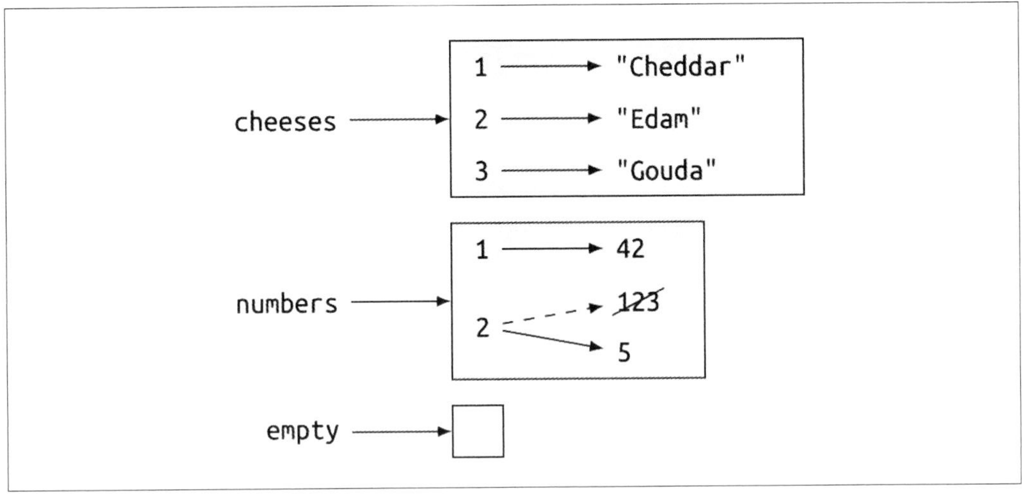

圖 10-1　狀態圖

圖中我們用方塊表達陣列，裏面放著它的元素。cheeses 代表一個包含三個元素的陣列，這些元素的索引值分別是 1、2、和 3。numbers 包含兩個元素；狀態圖顯示它的第二個元素的值由 123 重新指定為 5。empty 為一個不含任何元素的陣列。

陣列索引的運作方式和字串索引相同（不過不支援 UTF-8 字元索引處理）：

- 任何整數運算式都可用來當作索引。
- 如果您嘗試讀、寫並不存在的元素，會得到 BoundsError。
- 關鍵字 end 會指向陣列的最後一個索引值。

∈運算子也可用於陣列：

```
julia> "Edam" ∈ cheeses
true
julia> "Brie" in cheeses
false
```

尋訪陣列

最常被用來尋訪陣列元素的方式就是使用 for 迴圈。語法和處理字串時一樣：

```
for cheese in cheeses
    println(cheese)
end
```

如果只想要讀取陣列中的元素時，這樣的用法就夠了。但是如果想要寫入或更新元素時，您會需要使用索引。方法之一為使用內建函數 eachindex：

```
for i in eachindex(numbers)
    numbers[i] = numbers[i] * 2
end
```

這個迴圈會尋訪整個陣列並更新每一個元素。length 函數會傳回陣列裏的元素個數。每次執行迴圈時 i 會取得下一個元素的索引值。迴圈本體內的指定敘述會用 i 來讀取元素的舊值並指定新值給這個元素。

for 迴圈用於空陣列時不會執行本體：

```
for x in []
    println("This can never happen.")
end
```

雖然一個陣列可以包含在另一個陣列中，巢狀陣列仍然只算是一個單一元素。以下的陣列長度是 4：

```
["spam", 1, ["Brie", "Roquefort", "Camembert"], [1, 2, 3]]
```

陣列切片

切片運算子（[*n*:_*m*_]）也可用在陣列中：

```
julia> t = ['a', 'b', 'c', 'd', 'e', 'f'];

julia> print(t[1:3])
['a', 'b', 'c']
julia> print(t[3:end])
['c', 'd', 'e', 'f']
```

使用切片運算子時若不給它引數則會複製整個陣列：

```
julia> print(t[:])
['a', 'b', 'c', 'd', 'e', 'f']
```

由於陣列是可改變的，我們常會在修改陣列前先將這個陣列複製一份下來。

如果將切片運算子用在指定敘述的等號左邊時，可以同時更新多個元素：

```
julia> t[2:3] = ['x', 'y'];

julia> print(t)
['a', 'x', 'y', 'd', 'e', 'f']
```

陣列程式庫

Julia 提供了可用於陣列的函數。例如，push! 會增加一個新元素到陣列的尾端：

```
julia> t = ['a', 'b', 'c'];

julia> push!(t, 'd');

julia> print(t)
['a', 'b', 'c', 'd']
```

append! 則會將一個陣列接在另一個陣列的尾端：

```
julia> t1 = ['a', 'b', 'c'];

julia> t2 = ['d', 'e'];

julia> append!(t1, t2);

julia> print(t1)
['a', 'b', 'c', 'd', 'e']
```

在這個範例中 t2 的值並不會改變。

sort! 會將陣列中的元素由小排到大：

```
julia> t = ['d', 'c', 'e', 'b', 'a'];

julia> sort!(t);

julia> print(t)
['a', 'b', 'c', 'd', 'e']
```

sort 則會傳回排序結果的複本：

```
julia> t1 = ['d', 'c', 'e', 'b', 'a'];

julia> t2 = sort(t1);

julia> print(t1)
['d', 'c', 'e', 'b', 'a']
julia> print(t2)
['a', 'b', 'c', 'd', 'e']
```

傳統上，Julia 的函數名稱最後若是 ! 就代表它會修改引數的值。

映射、過濾器、縮減

要將陣列中的數值進行加總，您可能會使用 for 迴圈：

```
function addall(t)
    total = 0
    for x in t
        total += x
    end
    total
end
```

total 的初始值被設為 0。每一次執行迴圈時，+= 會從陣列取得一個新元素。+= 運算子是用來更新變數的一種簡便寫法。這個**擴增指定敘述**（*augmented assignment statement*）：

```
total += x
```

就等於：

```
total = total + x
```

迴圈執行時，total 會累加元素的總和。這類的變數有時被稱為**累加器**（*accumulator*）。

將陣列裏的元素加總這種運算實在是太常用了，所以 Julia 提供了一個內建函數 sum 來計算它：

```
julia> t = [1, 2, 3, 4];

julia> sum(t)
10
```

像這類將一系列元素組合成單一數值的運算有時被稱為**縮減運算**（*reduce operation*）。

有時在尋訪陣列時會順便建立另一個陣列。例如以下的函數會接受由字串所構成的陣列，並傳回將這些字串改成大寫後的新陣列：

```
function capitalizeall(t)
    res = []
    for s in t
        push!(res, uppercase(s))
    end
    res
end
```

`res` 的初始值是一個空陣列。每次執行迴圈時，都會將下一個元素接在它後面。因此 `res` 也是一種累加器。

像 `capitalizeall` 這樣的運算有時被稱為**映射**（*map*），因為它將函數（在此為 `uppercase`）"映射"至序列中的所有元素。

另一個常用的運算是選出陣列裏的某些元素成為子陣列。例如，以下的函數會接受一個由字串所構成的陣列，並傳回其中只包含大寫字母的字串：

```
function onlyupper(t)
    res = []
    for s in t
        if s == uppercase(s)
            push!(res, s)
        end
    end
    res
end
```

像 `onlyupper` 這樣的函數稱為**過濾器**（*filter*），因為它會選出一些元素並濾掉其他的元素。

大多數常見的陣列運算都可以藉由映射、過濾器和縮減這些運算的組合來完成。

句點語法

所有的二元運算子（例如 ^）都有對應的**句點運算子**（*dot operator*）（例如 .^），用來自動的對陣列裏的所有元素一一執行。例如，[1, 2, 3] ^ 3 是無法運算的，但 [1, 2, 3] .^ 3 則會對每一元素執行 ^ 運算，也就是 [1^3, 2^3, 3^3]：

```
julia> print([1, 2, 3] .^ 3)
[1, 8, 27]
```

任何 Julia 中的函數 *f* 都可以使用句點語法來對陣列裏的每個元素進行運算。例如，要將陣列裏的字串變成大寫，我們不需要使用迴圈就能做到：

```
julia> t = uppercase.(["abc", "def", "ghi"]);

julia> print(t)
["ABC", "DEF", "GHI"]
```

這是一種建立映射的優雅作法。因此 capitalizeall 可以改寫成只包含一行的函數：

```
function capitalizeall(t)
    uppercase.(t)
end
```

刪除（插入）元素

要從陣列中刪除元素有好幾種方式。如果您已經知道要刪除的元素的索引值，您可以用 splice! 函數來刪除：

```
julia> t = ['a', 'b', 'c'];

julia> splice!(t, 2)
'b': ASCII/Unicode U+0062 (category Ll: Letter, lowercase)
julia> print(t)
['a', 'c']
```

splice! 會修改陣列的內容並傳回被移除的元素。

pop! 會刪除並傳回陣列的最後一個元素：

```
julia> t = ['a', 'b', 'c'];

julia> pop!(t)
'c': ASCII/Unicode U+0063 (category Ll: Letter, lowercase)
```

```
julia> print(t)
['a', 'b']
```

popfirst! 則會刪除並傳回陣列的第一個元素：

```
julia> t = ['a', 'b', 'c'];

julia> popfirst!(t)
'a': ASCII/Unicode U+0061 (category Ll: Letter, lowercase)
julia> print(t)
['b', 'c']
```

pushfirst! 和 push! 函數會將一個元素分別插入到陣列的開頭和結尾。

如果您不需要用到被移除的資料，那就使用 deleteat! 函數：

```
julia> t = ['a', 'b', 'c'];

julia> print(deleteat!(t, 2))
['a', 'c']
```

insert! 函數會將元素插入至索引值所指位置：

```
julia> t = ['a', 'b', 'c'];

julia> print(insert!(t, 2, 'x'))
['a', 'x', 'b', 'c']
```

陣列與字串

字串是一連串的字元，陣列則是一連串的值。不過由字元所構成的陣列不等於字串。您可以使用 collect 將字串轉換為字元陣列：

```
julia> t = collect("spam");

julia> print(t)
['s', 'p', 'a', 'm']
```

collect 函數會將字串或其他序列切割成一個個單一的元素。

您也可以使用 split 函數將字串切割成一個個單字：

```
julia> t = split("pining for the fjords");
julia> print(t)
SubString{String}["pining", "for", "the", "fjords"]
```

這個函數有一個稱為**定界符**（*delimiter*）的**可選引數**（*optional argument*），用以指明哪些字元會被當作單字的邊界（我們在第 105 頁的“習題 8-7”中有稍微談到可選引數）。以下的範例用了連字符（hyphen）作為定界符：

```
julia> t = split("spam-spam-spam", '-');

julia> print(t)
SubString{String}["spam", "spam", "spam"]
```

`join` 的作用和 `split` 剛好相反。它會將陣列裏的字串全部連起來：

```
julia> t = ["pining", "for", "the", "fjords"];

julia> s = join(t, ' ')
"pining for the fjords"
```

在這個範例中定界符是空白字元。如果不想在字串中插入空白字元，只要不設定定界符即可。

物件與值

物件（*object*）就是變數可以參照的事物。直至目前為止，您或許是將“物件”和“值”交替使用。

如果執行下列指定敘述：

```
a = "banana"
b = "banana"
```

我們知道 a 和 b 都參照到一個字串，不過我們無法知道它們是否參照到同一字串。有二種可能的情形，就像圖 10-2 所示。

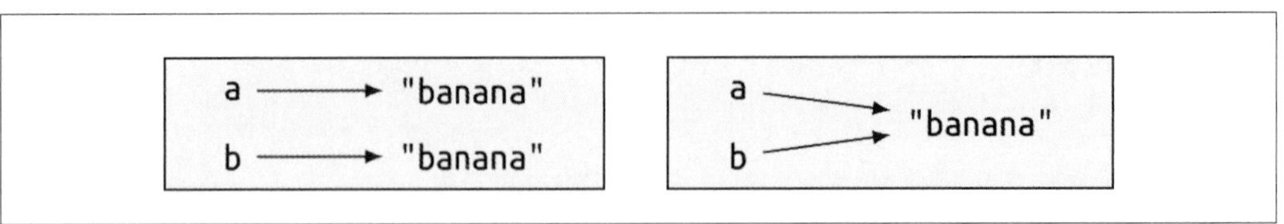

圖 10-2 狀態圖

在第一種情況中，a 和 b 會參照到兩個具有相同值的不同物件。在第二種情況中，它們參照至同一物件。

您可以使用≡ (**\equiv TAB**) 或 === 運算子來檢查兩個變數是否參照到同一個物件：

```
julia> a = "banana"
"banana"
julia> b = "banana"
"banana"
julia> a ≡ b
true
```

在這個範例中 Julia 只建立了一個字串物件，而 a 和 b 都參照至這個物件。不過如果您建立兩個陣列，會得到兩個物件：

```
julia> a = [1, 2, 3];

julia> b = [1, 2, 3];

julia> a ≡ b
false
```

因此狀態圖如圖 10-3 所示。

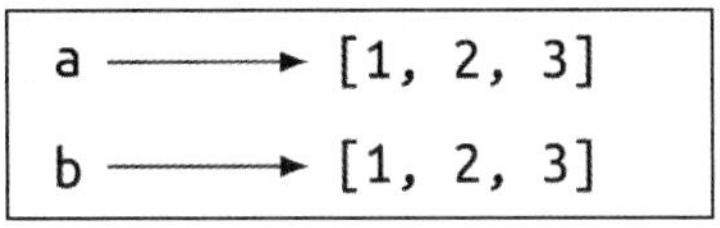

```
a ───────► [1, 2, 3]
b ───────► [1, 2, 3]
```

圖 10-3　狀態圖

在這個範例中我們說這兩個陣列是**相等**（*equivalent*）的，因為它們擁有同樣的元素。但它們並不**恆等**（*identical*），因為它們並不是同一物件。如果二個物件是恆等的，它們也一定相等；但如果它們是相等的，那麼它們並不一定恆等。

更精確的說法是，一個物件會有它的值。如果對 [1, 2, 3] 進行賦值，您會得到一個陣列物件，而它的值是一連串的整數。如果有另一個陣列具有同樣的元素，我們會說它們有同樣的值，但不是同一個物件。

別名

如果 a 參照至一個物件而且指定 b = a，那麼這兩個變數都參照至同一物件：

```
julia> a = [1, 2, 3];

julia> b = a;

julia> b ≡ a
true
```

狀態圖如圖 10-4 所示。

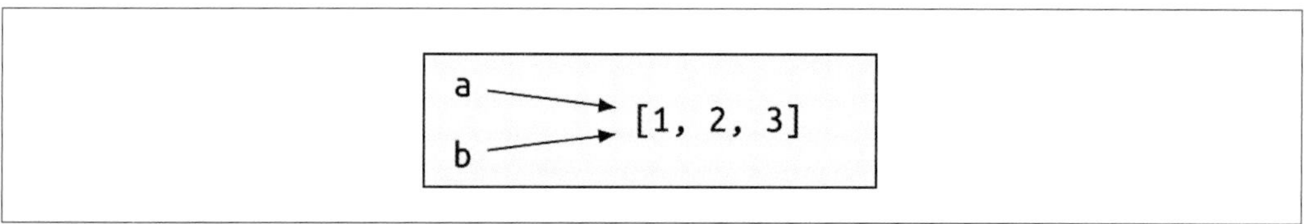

圖 10-4　狀態圖

變數與物件的結合稱為參照（*reference*）。在這個範例中，兩者都參照到同一個物件。

具有超過一個以上的參照之物件會有好幾個名稱，因此我們會說這個物件被**別名**（*aliased*）了。

如果別名物件是可改變的，對一個別名所做的更動會影響到另一個：

```
julia> b[1] = 42
42
julia> print(a)
[42, 2, 3]
```

雖然這種行為表現可能會很有用，不過它卻很容易引起錯誤。一般而言，處理可改變物件時最好不要使用別名。

對像字串這類的不可改變物件來說，別名比較不會產生問題。在以下的範例中：

```
a = "banana"
b = "banana"
```

a 和 b 是否參照到同一字串幾乎沒什麼差異。

陣列引數

當您將陣列傳入函數時，函數會取得這個陣列的參照。如果函數更動了陣列的內容，呼叫者會得知此改變。例如，deletehead! 函數會移除陣列的第一個元素：

```
function deletehead!(t)
    popfirst!(t)
end
```

它的用法如下：

```
julia> letters = ['a', 'b', 'c'];

julia> deletehead!(letters);

julia> print(letters)
['b', 'c']
```

參數 t 和變數 letters 都是同一物件的別名。圖 10-5 是這個範例的堆疊圖。

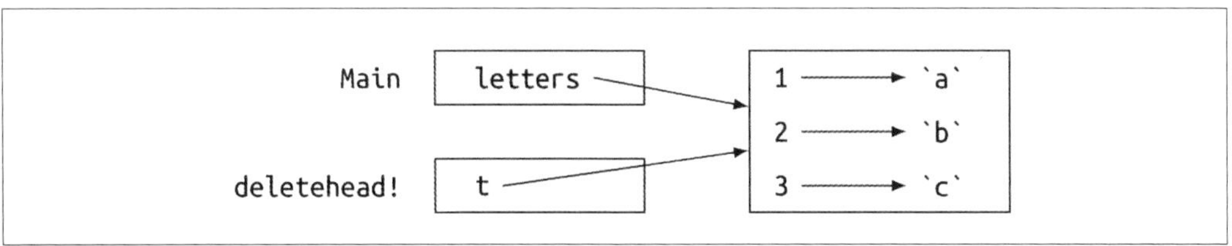

圖 10-5　堆疊圖

由於這個陣列由兩個方框所共享，所以我把它畫在它們中間。

一件很重要的事是區分更動已存在陣列的運算和建立新陣列的運算。例如 push! 函數會更動已存在的陣列，但 vcat 會建立新的陣列。

以下是使用 push! 的範例：

```
julia> t1 = [1, 2];

julia> t2 = push!(t1, 3);

julia> print(t1)
[1, 2, 3]
```

t2 是 t1 的別名。

以下是使用 vcat 的範例：

```
julia> t3 = vcat(t1, [4]);

julia> print(t1)
[1, 2, 3]
julia> print(t3)
[1, 2, 3, 4]
```

vcat 的結果是一個新的陣列，原來的陣列並不會被改變。

當您在撰寫會更動陣列的函數時，這樣的差異是很重要的。

例如，以下的函數並**不會**刪除陣列的開頭：

```
function baddeletehead(t)
    t = t[2:end]                # 錯的！
end
```

切片運算子會建立一個新的陣列，而那指定運算會將 t 參照到這個陣列。不過這並不會影響到呼叫者：

```
julia> t4 = baddeletehead(t3);

julia> print(t3)
[1, 2, 3, 4]
julia> print(t4)
[2, 3, 4]
```

在 baddeletehead 的開頭，t 和 t3 參照至同一個陣列。在結尾處，t 參照到一個新陣列，但 t3 仍然參照到原來未被更動的陣列。

一種替代作法是寫一個函數來建立並傳回新的陣列。例如，tail 會傳回陣列裏除了第一個元素之外的所有元素：

```
function tail(t)
    t[2:end]
end
```

這個函數不會更動原來的陣列。以下是它的用法：

```
julia> letters = ['a', 'b', 'c'];

julia> rest = tail(letters);

julia> print(rest)
['b', 'c']
```

除錯

不小心的使用陣列（以及其他可改變物件）會導致長時間的除錯。以下是常見的陷阱及其避免之道：

- 大部份的陣列函數都會更動引數。這和字串函數剛好相反，它們大多會保留原字串並傳回新字串。

  如果您已習慣於像這樣寫作處理字串的程式碼：

  ```
  new_word = strip(word)
  ```

  您也可能會寫出像這樣的陣列處理程式碼：

  ```
  t2 = sort!(t1)
  ```

  由於 sort! 會傳回原始陣列 t1 的更動結果，t2 其實是 t1 的別名。

在使用陣列函數與運算子之前，您應該先仔細閱讀文件並在交談模式中測試它們。

- 選擇所愛並堅持到底。

  陣列處理會發生問題有一部份的原因是因為有太多方法可以處理事情了。例如要移除陣列中的元素，您可以使用 pop!、popfirst!、delete_at、或甚至使用切片運算。要增加新的元素，您可以使用 push!、pushfirst!、insert!、或 vcat。假設 t 是一個陣列且 x 是一個陣列元素，以下程式碼都是正確的：

  ```
  insert!(t, 4, x)
  push!(t, x)
  append!(t, [x])
  ```

  而以下是錯誤的：

  ```
  insert!(t, 4, [x])    # 錯的！
  push!(t, [x])         # 錯的！
  vcat(t, [x])          # 錯的！
  ```

- 建立複本且避免使用別名。

  如果您想要使用像 sort! 這樣會更動引數的函數，卻也想要保留原來的陣列，您可以建立複本：

```
julia> t = [3, 1, 2];

julia> t2 = t[:]; # t2 = copy(t)

julia> sort!(t2);

julia> print(t)
[3, 1, 2]
julia> print(t2)
[1, 2, 3]
```

在此範例中您也可以使用內建函數 `sort`，它會保留原來的陣列並傳回排序後的新陣列：

```
julia> t2 = sort(t);

julia> println(t)
[3, 1, 2]
julia> println(t2)
[1, 2, 3]
```

詞彙表

陣列（*array*）

一連串的值。

元素（*element*）

陣列（或其他序列）中的一個值；也稱為**項目**（*items*）。

巢狀陣列（*nested array*）

成為另一個陣列的元素的陣列。

可改變的（*mutable*）

值的一種特性，代表它可被更動。

擴增指定（*augmented assignment*）

使用像 = 這樣的運算子來更新變數值的敘述。

累加器（*accumulator*）

用於迴圈中的一種變數，用來進行加總或累計結果。

縮減運算（*reduce operation*）

一種處理樣式，尋訪序列並將元素累計至單一結果。

映射（*map*）

一種處理樣式，尋訪序列並針對每一元素執行同一運算。

過濾器（*filter*）

一種處理樣式，尋訪序列並選出符合某些條件的元素。

句點運算子（*dot operator*）

一種二元運算子，可對陣列中的每一元素進行運算。

句點語法（*dot syntax*）

用來對陣列裏的每一元素執行某一函數運算的語法。

可選引數（*optional argument*）

不一定需要的引數。

定界符（*delimiter*）

用以指出字串何處應進行切割的字元或字串。

物件（*object*）

變數可以參照的事物。物件具有型別與值。

相等（*equivalent*）

具有相同的值。

恆等（*identical*）

是同一個物件（也意味著相等）。

參照（*reference*）

變數和它的值的結合。

別名（*aliasing*）

超過兩個以上的變數參照至同一物件的情況。

習題

習題 10-1

寫一個名稱為 nestedsum 的函數，接受由整數陣列所構成的陣列為引數，並將所有巢狀陣列的元素加總。例如：

```
julia> t = [[1, 2], [3], [4, 5, 6]];

julia> nestedsum(t)
21
```

習題 10-2

寫一個名稱為 cumulsum 的函數，接受一個由數值所構成的陣列，並傳回其累加總和。亦即傳回一個新陣列，它的第 *i* 個元素為原陣列之前 *i* 個元素的總和。例如：

```
julia> t = [1, 2, 3];

julia> print(cumulsum(t))
Any[1, 3, 6]
```

習題 10-3

寫一個名稱為 interior 的函數，接受一個陣列作為引數，並傳回一個新陣列，這個新陣列包含原陣列去頭去尾後的元素。例如：

```
julia> t = [1, 2, 3, 4];

julia> print(interior(t))
[2, 3]
```

習題 10-4

寫一個名稱為 interior! 的函數，接受一個陣列為引數，並將此陣列去頭去尾，再傳回 nothing。例如：

```
julia> t = [1, 2, 3, 4];

julia> interior!(t)

julia> print(t)
[2, 3]
```

習題 10-5

寫一個名稱為 issort 的函數，它接受一個陣列為參數，如果此陣列的元素已由小至大排序則傳回 true，否則傳回 false。例如：

```
julia> issort([1, 2, 2])
true
julia> issort(['b', 'a'])
false
```

習題 10-6

當一個字可以由另一個字所包含的字母重新排列後構成時，這兩個字被稱為異位構詞（anagram）。寫一個名稱為 isanagram 的函數，它接受兩個字串為參數，當這兩個字串是異位構詞時傳回 true。

習題 10-7

寫一個名稱為 hasduplicates 的函數，它接受一個陣列為參數，當陣列裏有任何元素出現次數超過一次時則傳回 true。這個函數不能更動原來的陣列。

習題 10-8

本習題與所謂的生日悖論（Birthday Paradox）（*http://bit.ly/2WLJbuE*）有關。

如果班上有 23 個學生，那麼有二位同學生日相同的機會是多少呢？您可以用亂數產生這 23 個生日再進行比對來預估此機率。

您可以使用 rand(1:365) 來產生隨機生日。

習題 10-9

寫兩個版本的函數來讀取檔案 *words.txt* 並將它的每一個單字當作是陣列裏的一個元素。其中一個版本使用 push! 而另一版來使用 t = [t...,x] 的這種用法。哪一個的執行時間比較長呢？原因為何？

習題 10-10

要檢查一個單字有沒有出現在您剛建立的單字陣列，您可以使用∈運算子，不過這樣可能會很慢，因為它是循序來搜尋單字。

由於單字已經依照字母順序排好，我們可以使用二分搜尋法（又稱為二元搜尋法）來加速搜尋的過程。這種方法很像您在查字典的作法。一開始先檢查中間點來看看您要找的單字是不是出現在中間點之前。如果是的話，再用同樣的方式搜尋前半部。否則也用同樣的方式繼續搜尋後半部。

不論那一種情況，都可以將要搜尋的對象數量減半。如果單字陣列裏有 113,809 個字，只需要 17 個步驟就可以找到那個字或判定那字不在陣列裏。

寫一個名稱為 `inbisect` 的函數，它接受一個排序過的陣列和一個目標值作為參數，當此目標值存在於此陣列時傳回 `true`，否則傳回 `false`。

習題 10-11

如果兩個字彼此是對方的反向字時稱為"反向配對（reverse pair）"。寫一個名稱為 `reversepairs` 的函數來找出單字陣列中所有的反向配對。

習題 10-12

當我們以交錯的方式重複的分別從兩個單字取得字母再進行組合時，我們會說兩個字"連扣（interlock）"。例如，"shoe" 和 "cold" 連扣後會構成 "schooled"。

1. 寫一個程式來找出所有連扣的單字組。

不要列舉所有的配對！

來源：本習題的靈感來自於 *http://puzzlers.org* 中的範例。

2. 您可以找出三向連扣（也就是每三個字母交錯式的各取來自三個單字的一個字母）的字嗎？

第十一章

字典

本章要介紹另一個稱為字典（dictionary）的內建型別。

字典是一種映射

字典（*dictionary*）和陣列很像，不過更為通用化。在陣列裏，索引必須是整數；但在字典中，索引可以（幾乎）是任何型別。

字典包含一組稱為**鍵**（*key*）的索引，以及一組**值**（*value*）。每一個鍵都被賦予一個單一的值。鍵和值的結合稱為**鍵 - 值對**（*key-value pair*），或者稱為**項目**（*item*）。

用數學的說法來說，字典代表一種由鍵到值的**映射**，因此您也可以說每一個鍵 "映射" 到一個值。例如說，我們可以建立一個字典來映射英文單字到西班牙文單字，此時的鍵和值都是字串。

Dict 函數會建立一個不包含任何項目的新字典（由於 Dict 是內建函數的名稱，您應該要避免用它當作變數名稱）：

```
julia> eng2sp = Dict()
Dict{Any,Any} with 0 entries
```

字典裏鍵和值的型別出現在大括號內：在此兩者的型別都是 Any。

這個字典現在是空的。您可以用方括號將項目加到字典中：

```
julia> eng2sp["one"] = "uno";
```

這行程式會建立一個項目以將鍵 "one" 映射到值 "uno"。如果我們再一次印出字典的內容，可以看到一組鍵 - 值對，兩者間放著一個箭頭 =>：

```
julia> eng2sp
Dict{Any,Any} with 1 entry:
  "one" => "uno"
```

這種輸出格式也是一種輸入格式。例如，您可以像下面這樣建立一個包含三個項目的新字典：

```
julia> eng2sp = Dict("one" => "uno", "two" => "dos", "three" => "tres")
Dict{String,String} with 3 entries:
  "two"   => "dos"
  "one"   => "uno"
  "three" => "tres"
```

此處所有的鍵和值都是字串，所以會建立一個 Dict{String,String}。

字典中項目的順序是無法預測的。如果您在您的電腦輸入同樣的範例，可能會看到不同的結果。

不過這並不會產生任何問題，因為字典裏的元素絕不會用整數的索引值來進行存取。您必須使用鍵來找出它所對應的值：

```
julia> eng2sp["two"]
"dos"
```

"two" 這個鍵總是會映射至 "dos" 這個值，所以項目的順序並不重要。

如果在字典中找不到這個鍵，會產生錯誤訊息：

```
julia> eng2sp["four"]
ERROR: KeyError: key "four" not found
```

length 函數也適用於字典上，它會傳回字典中鍵 - 值對的數量：

```
julia> length(eng2sp)
3
```

keys 函數則會傳回字典裏所有的鍵：

```
julia> ks = keys(eng2sp);

julia> print(ks)
["two", "one", "three"]
```

您現在可以使用∈運算子來看看某個鍵有沒有出現在字典中：

```
julia> "one" ∈ ks
true
julia> "uno" ∈ ks
false
```

要知道某個值有沒有出現在字典中，您可以使用 `values` 函數，它會傳回所有的值。然後再用∈運算子來判斷：

```
julia> vs = values(eng2sp);

julia> "uno" ∈ vs
true
```

∈運算子在處理陣列和字典時所用的演算法並不相同。處理陣列時，它依序搜尋陣列裏的元素，如第 99 頁的“搜尋”小節中所述。當陣列變大時，搜尋的時間也會成正比的增加。

處理字典時，Julia 使用一種稱為**雜湊表**（*hash table*）的演算法，它具有一種很好的特性：不論字典有多少項目，∈運算子所花的時間都差不多一樣。

以字典作為計數器聚集

假設您想要計算一個字串中每個字母出現的次數，這裏有幾種作法：

- 您可以依照英文字母建立 26 個變數。然後尋訪這個字串，當遇見某一字母時便將它所對應的變數加一。在此您可能需要使用連鎖條件式。
- 您可以建立一個具有 26 個元素的陣列。然後將每一字元轉換為一個數字（可使用內建函數 `Int`），並使用這個數字作為索引來將適當的計數器加一。
- 您可以建立一個字典，使用字母當作它的鍵，所對應的值作為它的計數器。第一次遇見某個字母時，把這個字母當作是一個項目加進字典中。其後遇見它時只要把它的值加一即可。

上述的選項都執行同一種運算，不過它們用不同方式來實作此運算。

實作方式（*implementation*）是一種執行計算的方式。有些實作方式會比其他的好。例如，字典這種實作方式的優點之一是我們不需要事先知道字串裏會出現的字母，所以只需要花費空間在真的有出現的字母上。

以下是可能的程式碼範例：

```
function histogram(s)
    d = Dict()
    for c in s
        if c ∉ keys(d)
            d[c] = 1
        else
            d[c] += 1
        end
    end
    d
end
```

這個函數的名稱叫 histogram，為統計學上的詞，代表計數器（或頻率）的聚集。

函數的第一行會建立一個空字典。for 迴圈則會尋訪字串。每次執行迴圈時，如果字母 c 不在字典中，我們便會建立一個新的項目，它的鍵是 c，值是 1（因為我們已看過這個字母一次了）。如果 c 已經在字典中，那我們就把 d[c] 加一。

以下是函數的運作過程：

```
julia> h = histogram("brontosaurus")
Dict{Any,Any} with 8 entries:
  'n' => 1
  's' => 2
  'a' => 1
  'r' => 2
  't' => 1
  'o' => 2
  'u' => 2
  'b' => 1
```

直方圖（histogram）顯示字母 *a* 和 *b* 各出現一次，*o* 出現兩次，依此類推。

處理字典時有一個叫做 get 的函數，它會接受一個鍵和一個預設值作為引數。如果這個鍵出現在字典裏，get 會傳回它所對應的值，否則會傳回預設值。例如：

```
julia> h = histogram("a")
Dict{Any,Any} with 1 entry:
  'a' => 1
julia> get(h, 'a', 0)
1
julia> get(h, 'b', 0)
0
```

習題 11-1

使用 get 來寫一個更精簡的 histogram 函數。您應該可以不須使用 if 敘述。

迴圈與字典

您可以使用 for 敘述來尋訪字典裏的鍵。例如，printhist 會印出所有的鍵和它所對應的值：

```
function printhist(h)
    for c in keys(h)
        println(c, " ", h[c])
    end
end
```

以下是可能的輸出：

```
julia> h = histogram("parrot");

julia> printhist(h)
a 1
r 2
p 1
o 1
t 1
```

再一次強調，鍵的順序是不固定的。如果要依照排序後的鍵來進行尋訪，您可以同時使用 sort 和 collect；

```
julia> for c in sort(collect(keys(h)))
           println(c, " ", h[c])
       end
a 1
o 1
p 1
r 2
t 1
```

反向查找

給定一個字典 d 和一個鍵 k 時，我們很容易就可以找出這個鍵所對應的值 v = d[k]。這個運算稱之為**查找**（*lookup*）。

不過如果您有了 v 卻想要找出它所對應的 k 呢？您會碰上兩個問題。首先，可能有好幾個 k 都映射到 v 這個值。根據應用的需求不同，您可能只想要選擇其中之一，或建立一個陣列來包含所有的鍵。其次，並沒有一個簡單的語法可以進行**反向查找**（*reverse lookup*），所以您必須仰賴搜尋。

反向查找比正向查找慢多了。如果您常常做這件事，或字典變得很大時，程式的效能會變差。

以下的函數會接受一個值並傳回字典中第一個對應到這個值的鍵：

```
function reverselookup(d, v)
    for k in keys(d)
        if d[k] == v
            return k
        end
    end
    error("LookupError")
end
```

這個函數是另一個搜尋樣式的範例，不過它用了一個我們沒用過的函數：error。error 函數被用來產生 ErrorException 例外以中斷正常的執行流程。在本範例中它會產生例外 "LookupError"，代表在字典中找不到這個鍵。

如果程式執行到迴圈的後面，表示 v 並不是字典中任何一個鍵的值，此時我們就丟出一個例外。

以下是反向查找的成功範例：

```
julia> h = histogram("parrot");

julia> key = reverselookup(h, 2)
'r': ASCII/Unicode U+0072 (category Ll: Letter, lowercase)
```

以及失敗範例：

```
julia> key = reverselookup(h, 3)
ERROR: LookupError
```

您所產生的例外和 Julia 所產生的例外效果是相同的：它會印出一個堆疊追蹤以及錯誤訊息。

Julia 提供了一個進行反向查找的最佳方式：`findall(isequal(3), h)`。

字典與陣列

陣列也可以作為字典中的值。例如，如果給您一個將字母映射到頻率的字典，您可能會想要反轉它，也就是建立一個字典來將頻率映射到字母。由於可能有好幾個字母具有相同的頻率，這個反轉字典裏的值應該是由字母所構成的陣列。

以下是用來反轉這個字典的函數：

```
function invertdict(d)
    inverse = Dict()
    for key in keys(d)
        val = d[key]
        if val ∉ keys(inverse)
            inverse[val] = [key]
        else
            push!(inverse[val], key)
        end
    end
    inverse
end
```

每次執行迴圈時，`key` 會從 `d` 中取得一個鍵而 `val` 則是這個鍵的對應值。如果 `val` 不在 `inverse` 中，代表之前沒有看過它，因此我們就建立一個新項目並將它初始化為一個**獨存放變數**（*singleton*）（只包含一元素的陣列）。否則代表之前已經看過這個值，所以我們就將它對應的鍵加在陣列之後。

範例如下：

```
julia> hist = histogram("parrot");

julia> inverse = invertdict(hist)
Dict{Any,Any} with 2 entries:
  2 => ['r']
  1 => ['a', 'p', 'o', 't']
```

圖 11-1 是 hist 和 inverse 的狀態圖。我們用方塊代表字典，裏面包含著鍵 - 值對。如果值是整數、浮點數、或字串，我會把它們畫在方塊內。但如果是陣列，為了讓圖看起來更簡潔，我會把它畫在方塊外面。

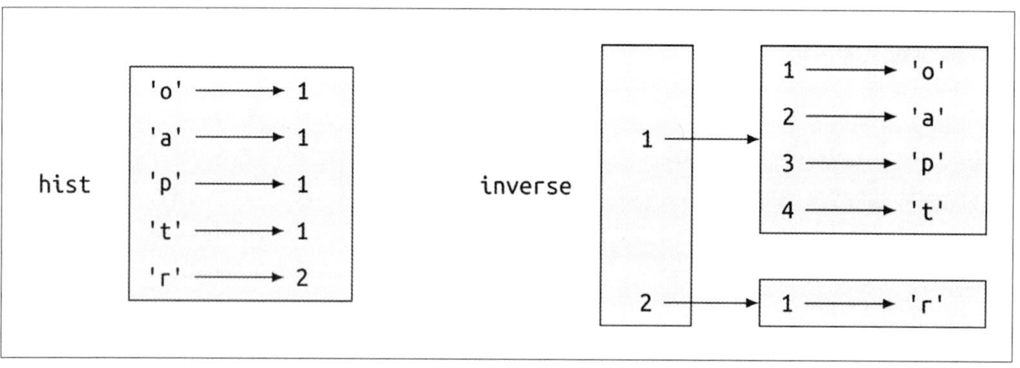

圖 11-1　狀態圖

稍早有提過字典是以雜湊表來實作，這代表鍵是**可雜湊的**（*hashable*）。

雜湊（*hash*）是一個函數，它接受一個（任意類型的）值並傳回一整數。字典會使用這些整數（稱為雜湊值）來儲存和查找鍵 - 值對。

備忘

如果您玩一下第 74 頁的“再一個範例”小節中的 fibonacci 函數，可能會注意到當提供的引數愈大時，函數的執行時間也愈長。此外，執行時間會增加的很快。

想知道為什麼會這樣，請看看圖 11-2，裏面顯示了 n = 4 時 fibonacci 的**呼叫圖**（*call graph*）。

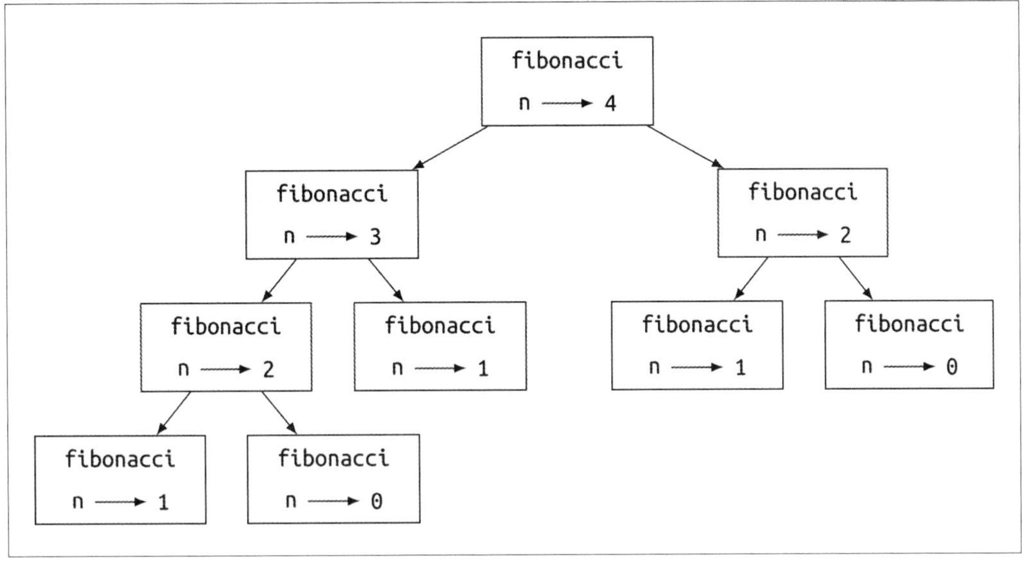

圖 11-2　呼叫圖

在呼叫圖中會顯示一組函數框架，還有用來連接函數以及它所呼叫的函數的線。在這張圖的最上方，`n = 4` 時的 `fibonacci` 函數呼叫 `n = 3` 以及 `n = 2` 時的 `fibonacci` 函數。接著，`n = 3` 時的 `fibonacci` 函數呼叫 `n = 2` 以及 `n = 1` 時的 `fibonacci` 函數，依此類推。

我們可以藉由計算 `fibonacci(0)` 和 `fibonacci(1)` 被呼叫的次數來估計執行時間。不過這不是很好的解決方案，尤其是當引數變大時情況會更糟。

一個解決方案是將已經算過的值記錄在字典中。用來提供給未來使用的已計算結果稱為**備忘**（*memo*）。以下是“備忘”版的 `fibonacci` 函數：

```
known = Dict(0=>0, 1=>1)

function fibonacci(n)
    if n ∈ keys(known)
        return known[n]
    end
    res = fibonacci(n-1) + fibonacci(n-2)
    known[n] = res
    res
end
```

known 是一個用來記錄我們已經計算過的費伯那西數的字典。一開始時它包含二個項目：0 映射到 0，1 映射到 1。

每當 fibonacci 被呼叫時，它會先檢查 known 的內容。如果要計算的結果已經存在裏面了，就可以立即回傳。否則它必須計算新的值並將結果加到字典中再回傳。

如果您把這版的 fibonacci 和原版進行比較，會發現這版的執行速度快多了。

全域變數

上一個例子中 known 是在函數外部建立的，因此它屬於一個稱為 Main 的特殊框架。在 Main 裏的變數有時被稱為**全域的**（*global*），因為它們可以被任何函數存取。區域變數在函數結束後就會不見，然而全域變數在各函數呼叫過程中都會一直存在。

我們常會使用全域變數作為**旗標**（*flags*），也就是用來表示條件是否成真的布林變數。例如，有些程式會使用名稱為 verbose 的旗標來管控輸出的詳細程度：

```
verbose = true

function example1()
    if verbose
        println("Running example1")
    end
end
```

如果您想要重新指定全域變數的值，結果可能會令您驚訝。以下的範例原意是要記錄函數是否被呼叫過：

```
been_called = false

function example2()
    been_called = true          # 錯誤
end
```

但是當您執行它時會發現 been_called 的值並沒有改變。問題出自 example2 建立了一個名稱為 been_called 的新區域變數。這個區域變數在函數結束後就消失了，所以並不會對同樣名稱的全域變數造成影響。

要在函數中重新指定全域變數的值，您必須要先**宣告**（*declare*）它是全域的：

```
been_called = false

function example2()
    global been_called
    been_called = true
end
```

這裏的 ***global* 敘述**（*statement*）告訴直譯器說“在這個函數裏，當我說到 been_called 時，我說的是全域變數。不要建立一個新的變數”。

以下是嘗試更新全域變數的範例：

```
count = 0

function example3()
    count = count + 1          # 錯誤
end
```

執行這個函數時會得到：

```
julia> example3()
ERROR: UndefVarError: count not defined
```

Julia 會假定 count 是區域變數，在這個假設下您會在賦予它值之前就先去讀它。解決方案又是要宣告 count 為全域的：

```
count = 0

function example3()
    global count
    count += 1
end
```

如果一個全域變數參照至一個可改變的值，不用宣告這個變數是全域的就可以更動它的值：

```
known = Dict(0=>0, 1=>1)

function example4()
    known[2] = 1
end
```

所以您可以加入、移除、和替換全域陣列或字典的元素。不過如果您想要重新指定這個變數，您必須先宣告它是全域的：

```
known = Dict(0=>0, 1=>1)

function example5()
    global known
    known = Dict()
end
```

為了提升效能，您可以宣告全域變數**常數**（*constant*）。常數不能被重新指定，不過如果它參照至一個可改變的值，您還是可以更動它的值：

```
const known = Dict(0=>0, 1=>1)

function example4()
    known[2] = 1
end
```

全域變數很有用，不過如果您用了太多，而且經常更動它們時，會使得程式難以除錯且效能降低。

除錯

當資料量變大時，要用手動方式來列印和檢查輸出結果變成不太可能。以下是對大型資料集進行除錯的一些建議：

- 輸入減量

  盡可能縮減資料集的大小。例如，如果程式會讀取文字檔的內容，那就先從前 10 行開始，或是從能找出錯誤之處的最小範本開始。請不要更動輸入檔的內容，而是修改程式讓它只讀入前 *n* 行。

  如果出現錯誤，您可以將 *n* 縮減成一個夠小的值讓錯誤不再出現。然後再逐步的增加它的值直到找出並修正錯誤為止。

- 檢查摘要與型別

  與其列印並檢查整個資料集，不如先印出資料的摘要：例如字典中的項目數量或陣列中值的總和。

執行錯誤的常見原因是用錯了型別。一般只要印出值的型別就可以找出這類的錯誤了。

- 寫自我檢查碼

  有時您可以寫一段程式碼來自動檢查錯誤。例如，當您想要計算數字陣列的平均值時，您可以檢查計算結果有沒有落在陣列元素的最大值和最小值之間。這叫作“合理性檢查（sanity check）”。

  另一種檢查會比較兩次計算的結果是否一致。這叫作“一致性檢查（consistency check）”。

- 輸出排版

  將除錯輸出訊息進行排版會讓您更容易找到錯誤。我們在第 76 頁的“除錯”小節中有看過一個範例。

  再強調一次，花時間在整理輸出上可以節省除錯的時間。

詞彙表

字典（*dictionary*）

鍵和它所對應的值的一種映射。

鍵（*key*）

字典中出現在鍵 - 值對的前半部的物件。

值（*value*）

字典中出現在鍵 - 值對的後半部的物件。這裏的用法比之前所用的“值”適用範圍更為有限。

鍵 - 值對（*key-value pair*）

鍵和值間的映射的一種表示法。

項目（*item*）

在字典中，鍵 - 值對的另一種講法。

映射（*mapping*）

一種關係，將一個聚集中的某一元素對應至另一聚集的某一元素。

雜湊表（*hash table*）

用來實作 Julia 字典的演算法。

實作方式（*implementation*）

執行某種計算的方式。

查找（*lookup*）

一種字典的運算，給定一個鍵後，找出它所對應的值。

反向查找（*reverse lookup*）

一種字典的運算，給定一個值後，找出它所對應的一個或多個值。

獨存放變數（*singleton*）

只包含一個元素的陣列（或其他序列）。

可雜湊的（*hashable*）

具有雜湊函數的型別。

雜湊函數（*hash function*）

在雜湊表中使用的函數，用以計算鍵的位置。

呼叫圖（*call graph*）

用以顯示程式執行過程中所建立的框架的圖，其中使用箭頭來連結呼叫者與被呼叫者。

備忘（*memo*）

將已計算過的值記錄下來以避免不必要的再度計算。

全域變數（*global variable*）

在函數外部所定義的變數。任何的函數都可以存取全域變數。

旗標（*flag*）

用以指出某一條件是否成立的布林變數。

宣告（*declaration*）

用來告訴解譯器有關變數的資訊的敘述，如 `global`。

global 敘述（*global statement*）

用來宣告某一變數為全域變數的敘述。

常數全域變數（*constant global variable*）

無法被重新指定的全域變數。

習題

習題 11-2

寫一個函數來讀取 *words.txt* 中的單字並將它們儲存為字典中的鍵。先不管它們所對應的值是什麼。然後用∈運算子來快速檢查一個字串是否有出現在字典中。

如果您完成了第 138 頁的“習題 10-10”，您可以比較一下這個版本和在陣列中使用∈運算子以及二分搜尋法版本的速度差異。

習題 11-3

閱讀字典函數 `get!` 的說明文件並用它來寫一個更精簡的 `invertdict`。

習題 11-4

使用備忘技巧來改寫第 78 頁的“習題 6-5”中的 Ackermann 函數，看看使用備忘能否讓此函數可對較大的引數進行賦值。

習題 11-5

如果您有完成第 137 頁的“習題 10-7”，您應該會有一個稱為 `hasduplicates` 的函數，它會接受陣列作為參數，當任何物件在陣列中出現超過一次時會傳回 `true`。

使用字典來寫出一個更快、更簡單的 `hasduplicates` 版本。

習題 11-6

當我們可以將一個單字進行迴轉來得到另一個單字時，我們說這兩個字為“迴轉對（rotate pairs）”（參考第 107 頁的“習題 8-11”中的 `rotateword`）。

寫一個程式來讀取一個單字陣列並找出所有的迴轉對。

習題 11-7

以下是另一個來自 *Car Talk (http://bit.ly/2OM2Fwp)* 的解謎問題：

> 〔一位出題者〕最近想到一個常見的單音節且包含 5 個字母的單字。這個單字具有下列特性。當移除第一個字母時，剩餘的字母形成原來那個字的同音字（homophone），也就是它們唸起來一模一樣。如果將第一個字母再放回原位後移除第二個字母，又會得到另一個同音字。我要問的是，這是哪個單字？
>
> 這裏我要給一個不對的範例。我們看看一個五個字母的單字，'wrack'，W-R-A-C-K。如果移除第一個字母，會剩下四個字母的單字，'R-A-C-K'。這是一個完美的同音字。如果您將 'w' 放回去再移除 'r'，會剩下 'wack'，也是一個完整的單字，不過並不是前面那二個字的同音字。
>
> 不過我至少知道有一個單字可以在移除前二個字母的其中之一後還能形成同音字。這裏的問題是，那是什麼字？

您可以使用第 153 頁的"習題 11-2"中的字典來檢查某一字串是否有出現在單字陣列中。

要檢查兩個字是否為同音字，您可以使用卡內基美濃大學發音字典（Carnegie Mellon University Pronouncing Dictionary（*http://bit.ly/2IcBZmZ*））。

寫一個程式來列出解開這個字謎的所有單字。

第十二章

元組

本章介紹另一種內建型別：元組，然後再介紹陣列、字典、以及元組如何一起運作。我們也會介紹可變長度引數陣列，以及聚合和散佈運算子。

元組是不可改變的

元組（*tuple*）是一個由值所構成的序列。此處的值可以是任何型別，而且可以用數字來索引，在這個角度上元組和和陣列很像。不一樣的地方是元組是不可改變的，而且它的每一個元素都可以有自己的型別。

元組的語法是用逗號來分隔一連串的值：

```
julia> t = 'a', 'b', 'c', 'd', 'e'
('a', 'b', 'c', 'd', 'e')
```

我們常會將元組用括號包圍住，雖然不一定要這麼做：

```
julia> t = ('a', 'b', 'c', 'd', 'e')
('a', 'b', 'c', 'd', 'e')
```

要建立只有一個元素的元組，您必須在元素後加上一個逗號：

```
julia> t1 = ('a',)
('a',)
julia> typeof(t1)
Tuple{Char}
```

括號中沒有加上逗號的值不是元組：

```
julia> t2 = ('a')
'a': ASCII/Unicode U+0061 (category Ll: Letter, lowercase)
julia> typeof(t2)
Char
```

另一種建立元組的方式是使用內建函數 tuple。不給引數的話，它會建立空元組：

```
julia> tuple()
()
```

如果給它多個引數，結果是包含這些引數的元組：

```
julia> t3 = tuple(1, 'a', pi)
(1, 'a', π = 3.1415926535897...)
```

由於 tuple 是內建函數的名稱，請不要用它當作變數名稱。

大部份的陣列運算子也適用在元組上。方括號運算子用來對元組的元素進行索引運算：

```
julia> t = ('a', 'b', 'c', 'd', 'e');

julia> t[1]
'a': ASCII/Unicode U+0061 (category Ll: Letter, lowercase)
```

切片運算子可用來選擇一個範圍中的元素：

```
julia> t[2:4]
('b', 'c', 'd')
```

不過如果您想要更動元組中的元素時會產生錯誤：

```
julia> t[1] = 'A'
ERROR: MethodError: no method matching setindex!(::NTuple{5,Char},
  ::Char, ::Int64)
```

因為元組是不可改變的，所以您不能更動元素的值。

關係運算子也適用於元組和其他序列上。Julia 會先比較序列中的第一個元素，如果它們相等，再繼續比較第二個元素，依此類推直到某個元素不相等為止。剩下的元素就不會再繼續檢查下去了（即使它們可能很長）：

```
julia> (0, 1, 2) < (0, 3, 4)
true
julia> (0, 1, 2000000) < (0, 3, 4)
true
```

元組指定

我們常要交換兩個變數的值。在傳統的指定敘述中，您必須使用一個暫時變數。例如要交換 a 和 b 的值：

```
temp = a
a = b
b = temp
```

這個解法有點累贅，用**元組指定**優雅多了：

```
a, b = b, a
```

左邊是由變數所構成的元組，右邊是由運算式所構成的元組。每一個運算式的值被指定給對應的變數。在指定前會先對所有的運算式進行賦值。

左邊的變數數量必須少於右邊的值的數量：

```
julia> (a, b) = (1, 2, 3)
(1, 2, 3)
julia> a, b, c = 1, 2
ERROR: BoundsError: attempt to access (1, 2)
  at index [3]
```

更一般化的用法是，右邊可以是任何的序列（字串、陣列、或元組）。例如，要將電子郵件地址切成使用者名稱和網域名稱，您可以這樣寫：

```
julia> addr = "julius.caesar@rome"
"julius.caesar@rome"
julia> uname, domain = split(addr, '@');
```

split 的傳回值是一個包含兩個元素的陣列；第一個元素被指定給 uname，第二個指定給 domain：

```
julia> uname
"julius.caesar"
julia> domain
"rome"
```

元組作為傳回值

嚴格來說，函數只能傳回一個值。不過如果傳回來的是元組，實際的效果和同時傳回多個值是一樣的。例如，如果您想要將兩個整數相除並計算它們的商和餘數，那麼先計算 x ÷ y 再計算 x % y 是比較沒有效率的。最好是同時計算兩者。

內建函數 **divrem** 會接受兩個引數並傳回一個包含二個值的元組，這二個值分別就是商和餘數。您可以將結果存入一元組中：

```
julia> t = divrem(7, 3)
(2, 1)
```

或使用元組指定把商和餘數分別存入不同元素中：

```
julia> q, r = divrem(7, 3);

julia> @show q r;
q = 2
r = 1
```

以下是傳回元組的函數範例：

```
function minmax(t)
    minimum(t), maximum(t)
end
```

maximum 和 **minimum** 是內建函數，分別會找出序列中的最大值和最小值。**minmax** 會同時計算這兩者並傳回包含兩個值的元組。其實使用內建函數 **extrema** 會更有效率。

可變長度引數元組

函數可以接受可變長度的引數。以 **...** 結尾的參數名稱會將引數**聚合**（*gather*）為元組。例如，**printall** 會接受任意數量的引數並印出它們的值：

```
function printall(args...)
    println(args)
end
```

聚合參數可以擁有任何名稱，不過傳統上都使用 **args**。以下是此函數的使用範例：

```
julia> printall(1, 2.0, '3')
(1, 2.0, '3')
```

聚合的互補運算是**散佈**（*scatter*）。如果您有一個序列的值而您想要把它們當作引數傳給函數，您可以使用 `...` 運算子。例如，`divrem` 須接受二個引數，我們不能傳元組給它：

```
julia> t = (7, 3);

julia> divrem(t)
ERROR: MethodError: no method matching divrem(::Tuple{Int64,Int64})
```

不過如果您將元組進行散佈就可以：

```
julia> divrem(t...)
(2, 1)
```

許多內建函數都使用可變長度引數元組。例如 `max` 和 `min` 都可以接受任意數量的引數：

```
julia> max(1, 2, 3)
3
```

不過 `sum` 不行：

```
julia> sum(1, 2, 3)
ERROR: MethodError: no method matching sum(::Int64, ::Int64, ::Int64)
```

習題 12-1

寫一個稱為 `sumall` 的函數來接受任意數量的引數並傳回它們的總和。

在 Julia 世界中，常把聚合稱為“（咕嚕咕嚕的）啜食（slurp）”，而把散佈稱為“（啪嗒啪嗒的）潑濺（splat）”。

陣列與元組

`zip` 是一個內建函數，它會接受兩個以上的序列並傳回一個元組的聚集。聚集裏面的每個元組裏的元素各來自於不同的序列。這個函數的名稱是由拉鏈而來。

以下的範例鏈合一個字串和陣列：

```
julia> s = "abc";

julia> t = [1, 2, 3];

julia> zip(s, t)
Base.Iterators.Zip{Tuple{String,Array{Int64,1}}}(("abc", [1, 2, 3]))
```

結果是一個可以進行迭代的 *zip* **物件**（*zip object*）。`zip` 最常用於 `for` 迴圈：

```
julia> for pair in zip(s, t)
           println(pair)
       end
('a', 1)
('b', 2)
('c', 3)
```

zip 物件是一種**迭代子**（*iterator*），也就是藉由一個序列進行迭代的物件。迭代子和陣列在某些方面很像，不過您無法使用索引去選擇迭代子裏的元素。

如果您想要對 zip 物件使用陣列運算子和函數，可以使用 zip 物件來建立陣列：

```
julia> collect(zip(s, t))
3-element Array{Tuple{Char,Int64},1}:
 ('a', 1)
 ('b', 2)
 ('c', 3)
```

結果是由元組所構成的陣列。在這個範例中，每個元組包含了來自字串的字元和來自陣列裏的對應元素。

如果序列的長度不同，結果會以短的序列為準；

```
julia> collect(zip("Anne", "Elk"))
3-element Array{Tuple{Char,Char},1}:
 ('A', 'E')
 ('n', 'l')
 ('n', 'k')
```

您可以在 `for` 迴圈中使用元組指定來反轉元組陣列：

```
julia> t = [('a', 1), ('b', 2), ('c', 3)];

julia> for (letter, number) in t
           println(number, " ", letter)
       end
1 a
2 b
3 c
```

每次執行迴圈時，Julia 會選擇陣列中的下個元組並將其元素指定給 `letter` 和 `number`。`(letter, number)` 中的括號是必要的。

如果將 zip、for、以及元組指定結合運用，您可以得到一個同時尋訪兩個（或更多個）序列的有用作法。例如，hasmatch 接受二個序列 t1 和 t2，當存在一個索引 i 使得 t1[i] == t2[i] 時則傳回 true：

```
function hasmatch(t1, t2)
    for (x, y) in zip(t1, t2)
        if x == y
            return true
        end
    end
    false
end
```

如果您要尋訪序列裏的元素和它們的索引，可以使用內建函數 enumerate：

```
julia> for (index, element) in enumerate("abc")
           println(index, " ", element)
       end
1 a
2 b
3 c
```

enumerate 的結果是一個列舉物件，它會對一個序列的配對進行迭代；每一個配對都包含一個索引（由 1 開始）和序列中的一個元素。

字典與元組

字典可用來當作迭代子，對鍵 - 值對進行迭代。您可以像這樣將字典用於 for 迴圈中：

```
julia> d = Dict('a'=>1, 'b'=>2, 'c'=>3);

julia> for (key, value) in d
           println(key, " ", value)
       end
a 1
c 3
b 2
```

和我們所預期的結果一樣，這些項目並沒有固定的順序。

反過來說，您也可以用元組陣列來建立新字典並初始化它的值：

```
julia> t = [('a', 1), ('c', 3), ('b', 2)];

julia> d = Dict(t)
Dict{Char,Int64} with 3 entries:
  'a' => 1
  'c' => 3
  'b' => 2
```

結合 Dict 和 zip 可以很簡潔的建立字典：

```
julia> d = Dict(zip("abc", 1:3))
Dict{Char,Int64} with 3 entries:
  'a' => 1
  'c' => 3
  'b' => 2
```

元組也常被用來作為字典中的鍵。例如，電話目錄可能會用**姓**和**名**來映射到電話號碼。假設我們已定義了 last（代表姓）、first（代表名）、和 number（代表號碼），我們可以這樣寫：

```
directory[last, first] = number
```

在方括號內的就是元組。我們也可以用元組指定來尋訪這個字典：

```
for ((last, first), number) in directory
    println(first, " ", last, " ", number)
end
```

這個迴圈會尋訪 directory 裏的鍵 - 值對，在此它們是一個元組。迴圈會將鍵中的元素指定給 last 和 first，將值指定給 number，再印出姓名與它所對應的號碼。

在狀態圖中有兩種方式來表達元組。較詳細的方式是像陣列一樣顯示索引和元素。例如，元組 ("Cleese", "John") 會表達成圖 12-1 中的樣子。

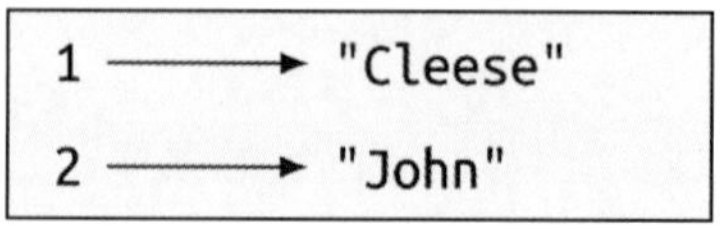

1 →	"Cleese"
2 →	"John"

圖 12-1　狀態圖

不過在大一點的圖中您可能會想要省略細節。例如，電話目錄畫起來可能像圖 12-2 一樣。

```
   ("Cleese","John") ───→ "08700 100 222"
("Chapman","Graham") ───→ "08700 100 222"
     ("Idle","Eric") ───→ "08700 100 222"
 ("Gilliam","Terry") ───→ "08700 100 222"
   ("Jones","Terry") ───→ "08700 100 222"
 ("Palin","Michael") ───→ "08700 100 222"
```

圖 12-2 狀態圖

在這張圖中我們用 Julia 的語法來代表元組。圖中的電話號碼是 BBC 的客服專線，所以請不要打這個電話號碼。

由序列所構成的序列

之前我著重在說明由元組所構成的陣列，不過幾乎所有的範例也適用於由陣列所構成的陣列、由元組所構成的元組、以及由陣列所構成的元組。為了不要列舉所有的可能組合，有時我們就簡單的稱它們為由序列所構成的序列。

在很多情形下，不同的序列（字串、陣列、和元組）都可以適用。那我們要如何決定使用哪個呢？

從最明顯的開始吧。字串的限制最多，因為它的元素一定要是字元。它們也是不可改變的。如果您想要改變字串裏的字元（而不是建立一新字串），您可能應該換成使用由字元所構成的陣列。

陣列比元組更常見，主因為它是可改變的。不過有些情況下您可能還是會想要用元組：

- 在某些時候，例如 `return` 敘述中，要建立一個元組的語法比陣列容易。
- 如果您要將一序列傳入函數作為引數，使用元組可以降低因別名所引發的潛在問題。
- 基於效能的因素。編譯器可以針對元組進行特製化。

由於元組是不可改變的，所以並不存在像陣列中的 `sort!` 和 `reverse!` 這類會更動既有陣列的函數。不過 Julia 提供了一個內建函數 `sort`，它會接受一個陣列並傳回這個陣列排序後的結果給一新陣列。Julia 也提供另一個函數 `reverse`，它接受任意種類的序列並傳回這個序列反向排列的結果。

除錯

陣列、字典、以及元組都是**資料結構**（*data structures*）的範例。本章中我們已經開始接觸複合資料結構，例如由元組所構成的陣列、或以元組為鍵且以陣列為值的字典。複合資料結構威力強大，但常會發生我稱為**形狀錯誤**（*shape errors*）的錯誤，也就是資料結構中的型別、大小、或結構產生錯誤。例如，如果您要的是一個包含單一整數的陣列，而我給您一個一般的整數（不是陣列），這樣會出錯的。

Julia 允許您對序列中的元素加上型別。我會在第 17 章說明作法。指明型別可以消除大量的形狀錯誤。

詞彙表

元組（*tuple*）
: 由元素所組成的不可改變序列，其中的每個元素都可以有自己的型別。

元組指定（*tuple assignment*）
: 一種指定敘述，等號右邊是一個序列，左邊是由變數所構成的元組。右邊的序列會先進行賦值後再依序指定給左邊的變數。

聚合（*gather*）
: 組成可變長度引數元組的一種運算。

散佈（*scatter*）
: 將一序列拆解為一串引數的一種運算。

zip 物件（*zip object*）
: 呼叫內建函數 `zip` 所傳回來的結果，此結果是以尋訪一個由元組所構成的序列而得。

迭代子（*iterator*）

對序列進行迭代的物件，但並不適用陣列的運算子和函數。

資料結構（*data structure*）

由相關值所構成的聚集，常組織成陣列、字典、元組等。

形狀錯誤（*shape error*）

一種因為值的形狀有誤，亦即型別或大小有錯，而產生的錯誤。

習題

習題 12-2

寫一個稱為 `mostfrequent` 的函數，它接受一個字串作為引數，並從大到小印出字母出現的頻率。使用不同語言的文本範例來看看在不同語言中字母出現的頻率有何不同。將您的結果和 *https://en.wikipedia.org/wiki/Letter_frequencies* 的表格進行比較。

習題 12-3

更多的程式！

1. 寫一個可以從檔案中讀取單字串列的程式（參考第 109 頁的“讀取單字串列”小節）並印出所有異位構詞的單字聚集。

   以下是輸出結果的範例：

   ```
   ["deltas", "desalt", "lasted", "salted", "slated", "staled"]
   ["retainers", "ternaries"]
   ["generating", "greatening"]
   ["resmelts", "smelters", "termless"]
   ```

您可能會想要建立一個字典來將一組字母映射至可由這組字母拼出來的單字所構成的陣列。問題是，您要如何將這組字母表達為字典中的鍵？

2. 修改前一個程式使它先印出最長的異位構詞陣列，再印出第二長的，依此類推。

3. 在 Scrabble 這種遊戲中，“賓果” 發生在您把所有的七個字母牌用完時。此時再加上遊戲板上的一個字母後，會構成了一個八個字母的單字。哪八個字母最可能形成賓果？

習題 12-4

當您可以藉由交換一個單字中的兩個字母來構成另一個單字時，我們稱這兩個單字為“易位對（metathesis pair）”。例如，“converse” 和 “conserve”。寫一個程式來找出 *words.txt* 中所有的易位對。

請不要測試所有可能的單字配對方式，也不要測試所有可能的字母交換方式。

來源：本習題的靈感來自於 *http://puzzlers.org* 中的範例。

習題 12-5

以下是另一個 *Car Talk*（*http://bit.ly/2OM2Fwp*）字謎：

> 如果您一次移除一個字母後，剩餘的字母還能構成一個正確的單字的最長的英文單字是什麼？
>
> 字母可由單字的任何位置移除，不過您不能重新排列字母的順序。每次移除一個字母後，會得到另一個英文單字。到最後會只剩下一個字母，而這個字母也必須是合法的英文單字——也就是可以在字典裏找到。我要找出像樣的字其中最長的。是哪個字呢？它包含幾個字母？
>
> 這裏給您一個還算可以的範例：sprite。從 sprite 開始，移除它中間的一個字母 r，會得到 spite。然後再拿掉 e，會得到 spit，再拿掉 s 得到 pit，然後再繼續得到 it，最後得到 i。

寫一個程式來找出所有可以像這樣進行縮減的單字，然後找出其中最長的字。

這個範例比之前的範例更具挑戰性，以下是一些建議：

1. 您可能會想要寫一個函數來接受一個單字，並產出一個陣列來包含所有由這個單字移除一個字母後所留下的單字。這些單字為輸入單字的“孩子”。
2. 依遞迴方式來看，如果一個單字的任一個孩子也是可以被縮減的，那麼這個單字便是可縮減的。您可以將空字串視為基底案例，它也是可縮減的。
3. 我提供的單字串列 *words.txt* 並不包含單一字母單字，所以您應該將“I”、“a”，和空字串加進去。
4. 如果要改善程式的效能，您可能要記住已知的可縮減單字。

第十三章

案例探討：資料結構選擇

目前您已經學到 Julia 的核心資料結構，以及使用它們的一些演算法。

本章將進行案例探討，讓您思考如何選擇適當的資料結構並練習運用它們。

字頻分析

和往常一樣，您在看參考答案前至少應該先試著自己完成習題。

習題 13-1

寫一個程式來讀取檔案，將它的每一行切割成單字、移除空白以及標點符號後，再將全部字母轉為小寫。

函數 `isletter` 可用來測試一個字元是否為英文字母。

習題 13-2

拜訪 Gutenberg 計畫網站（*https://gutenberg.org*），並以純文字格式下載您最喜歡的無版權書籍。

修改上一個習題中的程式來讀入您下載的書籍，跳過檔案開頭的檔頭資訊，再用之前的方法處理剩下的單字。

然後再修改程式來算出書中的總字數，以及每個單字出現的次數。

印出那本書裏用到的單字及其次數。比較不同時期不同作者所寫的書的結果。哪位作者用了最多的字？

習題 13-3

修改上題中的程式以印出書中最常用的前 20 個單字。

習題 13-4

修改前面的程式來讀取一個單字串列，並印出書中所有沒出現在這個串列中的單字。其中有多少是拼字錯誤呢？有多少是應該加入到單字串列的常用字？還有多少是晦澀艱深的字？

亂數

如果輸入相同，大部份的電腦程式每次都會產生一樣的輸出，因此它們被稱為**確定性的**（*deterministic*）。確定性一般是好的，因為我們可以期待相同的計算會產生相同的結果。不過對於某些應用而言，我們會希望電腦的表現不要那麼的可被預期。遊戲就是一個明顯的範例，不過除了遊戲之外還有許多案例也一樣。

要使得程式真的具有不確定性其實蠻困難的，但是有些方法至少讓它看來像是不確定的。其中之一是使用產生**偽隨機**（*pseudorandom*）數的演算法。偽隨機數不是真的亂數，因為它們還是由確定性的計算過程所產生的。不過如果只看所產生的數字，我們倒是無法區分它和真的亂數的差別。

`rand` 函數會傳回一個介於 `0.0` 和 `1.0`（包含 `0.0` 但不包含 `1.0`）間的亂數。您每次呼叫 `rand` 都會得到一個很長的序列裏的一個數。執行下面的迴圈來產生其中的一些樣本：

```
for i in 1:10
    x = rand()
    println(x)
end
```

rand 函數可以接受迭代子或陣列為引數並傳回一個隨機元素：

```
for i in 1:10
    x = rand(1:6)
    print(x, " ")
end
```

習題 13-5

寫一個稱為 choosefromhist 的函數，它會接受一個直方圖（定義在第 141 頁的"以字典作為計數器聚集"小節）作為引數並傳回直方圖裏的某個隨機值，每個值被選擇的機率和其頻率成正比。例如，對下列直方圖：

```
julia> t = ['a', 'a', 'b'];

julia> histogram(t)
Dict{Any,Any} with 2 entries:
  'a' => 2
  'b' => 1
```

您的程式應該會以 $\frac{2}{3}$ 的機率傳回 'a' 並以 $\frac{1}{3}$ 的機率傳回 'b'。

單字直方圖

您應該要完成上面的習題後再繼續往下唸。您也需要本書 GitHub（*http://bit.ly/2TWQkpQ*）裏的 *emma.txt* 檔。

以下的程式會讀入一個檔案並建立檔案所包含的單字的直方圖：

```
function processfile(filename)
    hist = Dict()
    for line in eachline(filename)
        processline(line, hist)
    end
    hist
end;

function processline(line, hist)
    line = replace(line, '-' => ' ')
    for word in split(line)
        word = string(filter(isletter, [word...])...)
        word = lowercase(word)
        hist[word] = get!(hist, word, 0) + 1
```

```
    end
end;

hist = processfile("emma.txt");
```

這個程式會讀取 *emma.txt* 檔案，裏面包含了珍．奧斯汀（Jane Austen）所寫的《愛瑪》（*Emma*）這本書的文字內容。

processfile 會用迴圈處理檔案裏的每一行，並一次傳入一行給 processline。直方圖 hist 被用來作為累加器。

processline 先用 replace 函數將連字符替換為空白字元，再用 split 函數將一行切成由字串構成的陣列。它接著尋訪陣列裏的每個單字並使用 filter、isletter，和 lowercase 等函數移除標點符號以及將字串轉換為小寫（我們常會說"轉換"了一個字串。但請記住字串是不可改變的，因此像 lowercase 這樣的函數會傳回新的字串）。

最後，processline 會建立一個新項目或將既有項目進行增量來更新 histogram。

要計算檔案中的總字數，我們可以將直方圖中的所有頻率加總：

```
function totalwords(hist)
    sum(values(hist))
end
```

不重複單字的數量即為字典中的項目數量：

```
function differentwords(hist)
    length(hist)
end
```

以下是印出結果的程式碼：

```
julia> println("Total number of words: ", totalwords(hist))
Total number of words: 162742
julia> println("Number of different words: ", differentwords(hist))
Number of different words: 7380
```

最常用字

要找出最常用的字，我們可以建立一個由元組所構成的陣列，再對它進行排序。元組內包含一個單字和它的頻率。以下的函數接受一直方圖作為引數，並傳回一個由「單字－頻率」元組所構成的陣列：

```
function mostcommon(hist)
    t = []
    for (key, value) in hist
        push!(t, (value, key))
    end
    reverse(sort(t))
end
```

在每個元組中我們把頻率放在前面，因為我們會依據頻率來進行排序。以下的程式碼會印出最常用的前 10 個單字：

```
t = mostcommon(hist)
println("The most common words are:")
for (freq, word) in t[1:10]
    println(word, "\t", freq)
end
```

我用定位字元（tab character）（'\t'）而不是空白作為"分隔子"，這樣第二欄才會對齊。以下是《愛瑪》的結果：

```
The most common words are:
to  5295
the 5266
and 4931
of  4339
i   3191
a   3155
it  2546
her 2483
was 2400
she 2364
```

這段程式可以使用 sort 函數的 rev 關鍵字引數來簡化。您可以參考文件說明（*http://bit.ly/2CXCxdc*）。

可選參數

我們已經看過接受可選引數的內建函數。自行撰寫的函數也可以使用可選引數。例如，以下是印出直方圖中最常用的單字的函數：

```
function printmostcommon(hist, num=10)
    t = mostcommon(hist)
    println("The most common words are: ")
    for (freq, word) in t[1:num]
        println(word, "\t", freq)
    end
end
```

第一個參數是必要的；第二個參數是可選的。num 的**預設值**（*default value*）是 10。

如果您只提供一個引數：

```
printmostcommon(hist)
```

則 num 會使用預設值。如果您提供兩個引數：

```
printmostcommon(hist, 20)
```

那麼 num 的值將會是第二個引數的值。可選引數會**覆寫**（*override*）預設值。

如果函數同時具有必要引數和可選引數時，所有的必要引數都要放在前面，接著才是可選引數。

字典減法

要找出出現在一本書中但沒有出現在 *words.txt* 中的單字可看作是一種集合減法的問題。也就是說，我們想要找出出現在第一個集合（書中的字）但沒有出現在第二個集合（單字串列）的所有單字。

subtract 接受二個字典 d1 和 d2 作為引數並傳回一個新的字典，這個字典包含所有在 d1 內但不在 d2 中的鍵。由於我們不關心鍵的值是什麼，所以將它們全部設為 nothing：

```
function subtract(d1, d2)
    res = Dict()
    for key in keys(d1)
        if key ∉ keys(d2)
            res[key] = nothing
        end
    end
    res
end
```

要從您所下載的書中找出不在 words.txt 中的字，您可以先用 `processfile` 來建立 words.txt 的直方圖後再進行減法：

```
words = processfile("words.txt")
diff = subtract(hist, words)

println("Words in the book that aren't in the word list:")
for word in keys(diff)
    print(word, " ")
end
```

以下是《愛瑪》這本書的部份結果：

```
Words in the book that aren't in the word list:
outree quicksighted outwardly adelaide rencontre jeffereys unreserved dixons
betweens ...
```

這些單字有些是名字和所有格。另外有些字已經不再被使用了，例如“rencontre”。不過有些常見的字的確應該出現在串列裏！

習題 13-6

Julia 提供了一種稱為 `Set`（集合）的資料結構，並提供了許多常用的集合運算。您可以到第 260 頁的“聚集與資料結構”小節中看一下，或閱讀說明文件（*http://bit.ly/2UgInAV*）。

寫一個程式，使用集合減法來找出出現在書中卻沒有出現在單字串列中的字。

隨機單字

要由直方圖中隨機的選出一個單字，最簡單的作法是建立一個單字陣列，陣列中每個單字出現的次數和它們的頻率一樣，然後再從那陣列中進行隨機選擇：

```
function randomword(h)
    t = []
    for (word, freq) in h
        for i in 1:freq
            push!(t, word)
        end
    end
    rand(t)
end
```

這個演算法是可行的，不過不太有效率。每次要選出一個隨機單字時都要重新建立一個和原書一樣大的陣列。一個明顯的改善方法是只要建立一個陣列，再進行多次的選擇。不過這樣陣列還是很大。

另一種作法是：

1. 使用 keys 函數取得書中所有單字所構成的陣列。
2. 建立一個包含單字頻率的累積總和的陣列（參見第 136 頁的“習題 10-2”）。這個陣列的最後一個項目便是此書的總字數，*n*。
3. 選擇 1 到 *n* 間的一個亂數。再使用二分搜尋法（參見第 138 頁的“習題 10-10”）來找出這個亂數在陣列中的位置的索引。
4. 使用這個索引來找出單字陣列裏所對應的字。

習題 13-7

寫一個使用上述演算法來從書中隨機選出單字的程式。

馬可夫分析

如果您從書中隨機選字，您可以大致上瞭解字彙的分布，不過大概很難完成一個句子：

```
this the small regard harriet which knightley's it most things
```

一連串的隨機單字很難產生出合理的結果，因為連續的單字之間並沒有關聯。例如，在真實的文句中您大概會在像“the”這樣的冠詞後面接著形容詞或名詞，而不是動詞或副詞。

一種用來度量這種關係的方式是馬可夫分析（Markov analysis），它在給定一個序列的單字後，可以估量下一個會出現的單字的機率。例如在“Eric, the Half a Bee”（由 Monty Python 所作）這首歌中，開始的歌詞為：

> Half a bee, philosophically,
> Must, ipso facto, half not be.
> But half the bee has got to be
> Vis a vis, its entity. D'you see?

But can a bee be said to be
Or not to be an entire bee
When half the bee is not a bee
Due to some ancient injury?

在歌詞中，“half the”這個詞的後面總是接著“bee”這個單字，不過“the bee”後面可能會接著“has”或“is”。

馬可夫分析的結果是由某一字首（例如“half the”和“the bee”）到所有可能字尾（例如“has”和“is”）的一種映射。

給定此種映射後，我們就可以由任意的字首開始，再隨機的選擇它可能的字尾。接下來，可以再將此字尾加到字首的後面來構成新的字首，然後重複以上的過程來構成一隨機文句。

例如，如果您由字首“Half a”開始，則接下來的單字一定是“bee”，因為這個字首在歌詞中只出現一次。下一個字首是“a bee”，所以接下來的字尾可能是“philosophically”、“be”或“due”。

在這個範例中字首的長度永遠是 2，不過您可以使用任意的字首長度進行馬可夫分析。

習題 13-8

試試馬可夫分析吧。

1. 寫一個程式來讀取檔案中的文字並進行馬可夫分析。產出的結果應該是一個將字首映射至一個由可能字尾所構成的聚集的字典。這個聚集可以是陣列、元組、或字典，請依您所喜歡的來選擇。您可以用長度為 2 的字首來測試您的程式，不過您寫程式時應該把它寫成可以用任意長度的字首來測試。
2. 為前一個程式加上一個函數以根據馬可夫分析的結果產生隨機文本。例如以下是使用長度為 2 的字首在《愛瑪》這本書的範例：

   “He was very clever, be it sweetness or be angry, ashamed or only amused, at such a stroke. She had never thought of Hannah till you were never meant for me?” “I cannot make speeches, Emma:” he soon cut it all himself.”

   在這個例子中我讓標點符號和單字接在一起。結果在語法上幾乎都是正確的，不過不完全正確。語意上也幾乎都說的通，不過也不完全正確。

如果增加字首的長度會怎樣呢？產出的隨機文本會不會更合理呢？

3. 如果您的程式可以正確的運作，您可能會想要試著進行混搭：如果將二本以上的書混合在一起，所產生的隨機文本會以有趣的方式融合來自不同書籍的字彙和文詞。

來源：本案例探討是由 Brian Kernighan 和 Rob Pike 所著的《*The Practice of Programming*》（Addison-Wesley 出版）衍生而來。

您應該先試著完成此習題再往下進行。

資料結構

利用馬可夫分析來產生隨機文本不只有趣而已，上一個習題還有一個重點：資料結構的選擇。要完成上一個習題，您必須作出下列選擇：

- 如何表達字首。
- 如何表達可能字尾的聚集。
- 如何表達由字首到它的可能字尾的映射。

最後一個選擇很容易：使用字典便可以將鍵映射至它所對應的值。

對字首而言，最明顯的選擇便是使用字串、由字串所構成的陣列，或由字串所構成的元組。

對字尾而言，我們可以使用陣列。另一種選擇是使用直方圖（字典）。

您該如何選擇呢？第一步是思考您對這些資料結構所須實作的運算。對字首來說，您必須能夠移除開頭的單字還有在結尾加入新的單字。例如，如果目前的字首是“Half a”，且下一個單字是“bee”，您要能組成下一個字首“a bee”。

您可能會先選擇使用陣列，因為要新增和移除元素很容易。

對字尾聚集來說，您必須執行的運算包括加入一個新的字尾（或增加既有字尾的頻率）和隨機選擇一個字尾。

加入一個字尾這個運算對陣列和直方圖都一樣容易。從陣列中隨機選出一個元素很容易，不過對直方圖而言就比較難以有效率的完成（參見第 176 頁的“習題 13-7”）。

到目前為止我們只考慮到實作的難易度，不過還有其他的因素需要考慮。其中之一是執行時間。有時我們會根據理論而會期望某一種資料結構會比其他的更快。例如，我曾提過 `in` 運算子對字典比對陣列運算還快，至少當元素數量很大時是如此。

不過您常常無法事先得知哪種實作方式會比較快。您的一種選擇是將兩種資料結構的版本都實作出來再比較哪個較好。這種作法稱為**基準評量**（*benchmarking*）。不過較實際的作法是選擇比較容易實作的資料結構，再看看它在應用時是否夠快。如果夠快，那就不用再考慮下去了。否則，可以使用像 `Profile` 模組這樣的工具來偵測程式最花時間的地方。

另一個要考量的因素是儲存空間。例如，使用直方圖來表達字尾的聚集會比較不佔空間，因為不論單字出現在文本中多少次，每個單字只需要被儲存一次。在某些情況下，節省空間也會讓程式跑得更快。極端情況是如果空間已滿，程式就沒辦法繼續執行。不過對多數應用而言，相較於執行時間，空間只是次要的考量。

最後的叮嚀：在這段討論中，我好像暗示在分析和產出過程中都應該使用同一種資料結構。不過因為這是兩個不同的階段，我們也可以在分析過程中使用某一種資料結構，然後再轉換為另一種資料結構於產出時使用。如果在產出時所節省的時間超過轉換時所花的時間，這樣的策略其實是有利的。

Julia 的套件 `DataStructures`（*http://bit.ly/2FTXzKx*）包含了為特定問題量身訂作的多種資料結構，例如在循序字典（ordered dictionary）中的項目就是依照順序排列的，所以我們可以用確定性的方式進行迭代。

除錯

當您在對一個程式進行除錯，尤其是想要抓出一隻很難的臭蟲時，應該要考慮五件事情：

朗讀（*Reading*）

　檢視您的程式碼，把它們讀出來，並檢查它們說的是不是您想說的。

執行（*Running*）

利用改變程式再執行不同版本的程式來進行實驗。如果您在正確的位置顯示正確的資訊，常常就可以突顯問題所在。不過有時您可能需要撰寫過渡程式（scaffolding）。

反思（*Ruminating*）

花點時間思考！那是哪種錯誤：語法、執行、還是語意？由錯誤訊息或程式輸出可得到什麼資訊？哪種錯誤會導致您看到的問題？在問題出現前您改動了什麼地方？

黃色小鴨除錯法（*Rubberducking*）

如果您向其他人解釋問題所在，有時在問完問題之前您就可以找到答案。事實上您也不需要什麼人來幫忙，只要一隻黃色小鴨就夠了。這就是常用的除錯策略**黃色小鴨除錯法**（*rubber duck debugging*）的緣由。這可不是我編造的！（*http://bit.ly/2WNPcH7*）

撤退（*Retreating*）

在某些時候最好的作法就是撤退，也就是復原最近所做的修改，直到回到您可以完全瞭解程式運作的地方。然後再從這個地方開始重建程式。

程式設計新手常會卡在上述的其中一個動作而忘了其他的。每個動作都有自己的盲點。

例如，朗讀程式對抓出拼字錯誤有用，但對概念上的誤解無效。如果您不瞭解程式在做什麼，您可能會讀了一百遍之後還是找不出錯誤，因為錯在您的腦袋。

對小又簡單的程式來說進行實驗測試是有用的。不過如果沒有好好的思考或閱讀程式便進行實驗，您可能會陷入我稱為“隨機漫步程式設計（random walk programming）”的樣式中，也就是隨機的修改程式直到程式執行正確為止。不用說也可以知道，隨機漫步程式設計是非常耗時的。

您必須花時間思考。就如同我已經說過的，除錯就像是實驗科學。您至少要對問題提出一個假說。如果有超過二個以上的可能性，試著想一下有沒有方法消除其中之一。不過再好的除錯技巧在面臨太多錯誤或要修正的程式太大、太複雜時還是會失效的。有時最好的策略就是撤退，將程式簡化直到您可以掌握程式的運作為止。

程式設計新手經常會抗拒進行撤退，因為他們無法忍受刪除任何一行程式碼（即使那是錯的）。若是如此，或許可以在刪除程式碼之前先將程式複製至另一檔案，然後在未來有需要時再一行行複製回來。

要找出困難的臭蟲需要進行朗讀、執行、反思、甚至撤退。如果您卡在其中一個步驟，就試試其他的吧。

詞彙表

確定性的（*deterministic*）
: 當給程式同樣的輸入時，程式每次執行都會做同樣的事。

偽隨機（*pseudorandom*）
: 看來像是亂數的數字，不過卻是由確定性程式所產生出來的。

預設值（*default value*）
: 如果沒有提供引數時給予可選參數的值。

覆寫（*override*）
: 以引數替換預設值。

基準評量（*benchmarking*）
: 利用一組可能的樣本輸入來實作與測試不同資料結構，以進行選擇的過程。

黃色小鴨除錯法（*rubberducking*）
: 利用向一個靜物（例如黃色小鴨）解釋您的程式以進行除錯的過程。即使黃色小鴨不懂 Julia，說出問題就可以幫您解決它。

習題

習題 13-9

若依照頻率來排序單字陣列，一個單字的“排行（rank）”就是它在這個陣列中的位置：最常出現的字排行為 1，其次排行為 2，依此類推。

Zipf 法則（Zipf 's law）（*http://bit.ly/2uKohQr*）描述了自然語言中單字排行和頻率間的關聯。更明確的說，它預測了頻率 f 和排行 r 間的關係：

$$f = cr^{-s}$$

其中 s 和 c 是與語言和文本相關的參數。如果將等號兩邊都取對數，可以得到：

$$\log f = \log c - s \log r$$

所以如果畫出 $\log f$ 對 $\log r$ 的圖，會得到一條斜率為 $-s$ 且截距為 $\log c$ 的直線。

寫一個程式讀取檔案中的文本後，計算單字的頻率，並依頻率高低印出每一個單字所對應的直線之 $\log f$ 和 $\log r$。

安裝繪圖程式庫：

```
(v1.0) pkg> add Plots
```

用法很簡單：

```
using Plots
x = 1:10
y = x.^2
plot(x, y)
```

使用 `Plots` 程式庫來畫出上面的結果並檢查它們是否是直線。

第十四章

檔案

本章介紹持續性程式的概念，也就是將資料保存在永久性儲存裝置中。本章也會介紹如何使用不同的永久性儲存裝置，像是檔案和資料庫。

持續性

我們目前看過的程式大部份是轉瞬即逝的，也就是它們只會執行一小段時間並產生輸出，程式結束時它們的資料也就會消失了。如果重新執行它，它會從頭開始。

有些程式是**持續性的**（*persistent*）：它們的執行時間較長（或一直執行），它們也會將資料保存在永久性儲存裝置（例如硬碟）中，而且如果它們被中止再重新執行時，也會從中斷處開始執行。

作業系統就是持續性程式的範例之一，它從開機起便一直執行。另一個例子是網頁伺服器，它也是會持續執行，等待著服務由網路傳來的要求。

程式要維護它的資料的最簡單作法就是讀取和寫入文字檔。我們已看過讀取文字檔的程式，本章中將會再看到寫入文字檔的程式。

另一種方法是將程式的狀態儲存在資料庫中。本章中我也會介紹如何使用簡單的資料庫。

讀取與寫入

文字檔（*text file*）就是儲存於永久性媒介（例如硬碟和快閃記憶體）的一連串字元。我們已經在第 109 頁的“讀取單字串列”小節中看到如何開啟和讀取檔案。

要寫入一個檔案，您必須以 "w" 模式作為第二個參數開啟它：

```
julia> fout = open("output.txt", "w")
IOStream(<file output.txt>)
```

如果檔案已經存在，以寫入模式開啟它時會把舊資料清除而重新開始，所以要小心！如果檔案不存在則會建立一個新檔。open 會傳回一個檔案物件而 write 函數會將資料放入檔案中：

```
julia> line1 = "This here's the wattle,\n";

julia> write(fout, line1)
24
```

write 的傳回值是寫入到檔案的字元數量。檔案物件會記住已經寫到哪裏了，所以如果您再度呼叫 write 時，它會將新資料加在檔案的最後：

```
julia> line2 = "the emblem of our land.\n";

julia> write(fout, line2)
24
```

當您完成寫入動作後，別忘了關閉檔案：

```
julia> close(fout)
```

如果沒有關閉檔案，整個程式結束時也會自動的將檔案關閉。

格式化

write 的引數必須是字串，因此如果想要將其他種類的值寫入檔案中，我們必須先將它們轉換為字串。最簡單的方法是用 string 函數或字串內插：

```
julia> fout = open("output.txt", "w")
IOStream(<file output.txt>)
julia> write(fout, string(150))
3
```

另一種方式是使用 print 或 print(ln) 函數：

```
julia> camels = 42
42
julia> println(fout, "I have spotted $camels camels.")
```

另一個更具威力的作法是使用 @printf 巨集（*http://bit.ly/2HVLuYJ*），它會用 C 語言型別的格式規範字串來進行列印。

檔名與路徑

檔案被組織成**目錄**（*directory*）（也稱為“資料夾（folders）”）。每個執行中的程式都有一個“目前目錄（current directory）”，這也是大部份運算的預設目錄。例如當您開啟一個檔案進行讀取時，Julia 會在目前目錄下找尋這個檔案。

pwd 函數會傳回目前目錄的名稱：

```
julia> cwd = pwd()
"/home/ben"
```

上面的 cwd 代表“目前工作目錄（current working directory）”。這個範例的結果是 */home/ben*，也就是名為 *ben* 的使用者的主目錄（home directory）。

像 "/home/ben" 這種用來指定檔案或目錄的字串稱為**路徑**（*path*）。

像 *memo.txt* 這樣的簡單檔名也被認為是路徑，不過它是一個**相對路徑**（*relative path*），因為它與目前目錄相關。如果目前目錄是 */home/ben*，那麼檔名 *memo.txt* 就會參照到 */home/ben/memo.txt* 這個路徑。

由 / 開頭的路徑與目前目錄無關，我們稱它為**絕對路徑**（*absolute path*）。您可以使用 abspath 函數來找出某一個檔案的絕對路徑：

```
julia> abspath("memo.txt")
"/home/ben/memo.txt"
```

Julia 還提供了一些與檔名和路徑相關的函數。例如，ispath 會檢查檔案或目錄是否存在：

```
julia> ispath("memo.txt")
true
```

如果存在，isdir 可以用來檢查它是否是一個目錄：

```
julia> isdir("memo.txt")
false
julia> isdir("/home/ben")
true
```

同樣的，isfile 可以檢查它是否是一個檔案。

readdir 會傳回指定目錄裏的檔案（以及子目錄）所構成的陣列：

```
julia> readdir(cwd)
3-element Array{String,1}:
 "memo.txt"
 "music"
 "photos"
```

為了展示這些函數的用法，以下的範例會“遊走”一個目錄、印出它裏面所有檔案的名稱、並在碰見目錄時用遞迴方式呼叫自己：

```
function walk(dirname)
    for name in readdir(dirname)
        path = joinpath(dirname, name)
        if isfile(path)
            println(path)
        else
            walk(path)
        end
    end
end
```

joinpath 會接受一個目錄和一個檔名並將它們連接成一個完整路徑。

Julia 提供了一個稱為 walkdir 的函數（*http://bit.ly/2Uj29fl*），它很像上面的函數，不過功能更多。作為習題練習，請閱讀它的文件說明並用它來印出指定目錄及其子目錄的所有檔案名稱。

抓取例外

當您想要讀取和寫入檔案時有可能會發生許多意想不到的狀況。如果您想要開啟一個不存在的檔案，會得到 SystemError 錯誤：

```
julia> fin = open("bad_file")
ERROR: SystemError: opening file "bad_file": No such file or directory
```

如果您對檔案沒有存取權限也會發生同樣的錯誤：

```
julia> fout = open("/etc/passwd", "w")
ERROR: SystemError: opening file "/etc/passwd": Permission denied
```

您可以用像 **ispath** 和 **isfile** 等函數來避免發生這些錯誤，不過要檢查所有可能的錯誤會花上很多的時間和程式碼。

比較簡單的方式是先做再說，發生問題時再處理——這也就是 try 敘述會做的事。它的語法和 if 敘述很像：

```
try
    fin = open("bad_file.txt")
catch exc
    println("Something went wrong: $exc")
end
```

Julia 會先執行 try 子句。如果順利進行，它會跳過 catch 子句並繼續往前執行。如果例外發生，它會跳出 try 子句並執行 catch 子句。

利用 try 敘述來處理例外稱為**抓取**（*catching*）例外。在這個範例中，catch 子句印出的錯誤訊息其實沒什麼太大的幫助。一般來說，抓取例外可以讓您有機會可以修正程式、再試一次、或者至少讓程式可以較平順的結束。

對於進行狀態改變、或使用像檔案這樣的資源的程式碼來說，當程式結束時一般都需要進行清理工作（例如關閉檔案）。例外的發生可能會使得這工作複雜化，因為它們可能會讓一些程式碼在正常結束前就跳離程式。finally 關鍵字提供了一種方式讓程式碼跳離程式時就去執行某些程式碼，不管它是為什麼要跳離：

```
f = open("output.txt")
try
    line = readline(f)
    println(line)
finally
    close(f)
end
```

這裏 close 一定會被執行。

資料庫

資料庫（*database*）是一種將資料以結構化方式儲存的檔案。許多資料庫的結構和字典一樣，也就是從鍵映射到值。資料庫和字典的最大差別是資料庫是儲存在磁碟（或其他的永久性儲存裝置）中，所以即使程式結束還是會存在。

《*ThinkJulia*》提供了 GDBM（GNU dbm）程式庫的介面，其中包含用來建立與更新資料庫檔的函數。以下我將示範如何建立一個包含影像圖說的資料庫。

開啟資料庫和開啟其他檔案作法一樣：

```
julia> using ThinkJulia

julia> db = DBM("captions", "c")
DBM(<captions>)
```

"c" 模式代表如果資料庫不存在就建立一個新資料庫。執行結果會是一個（對大部份運算來說）用法和字典相似的資料庫物件。

每當建立一個新項目時，GDBM 就會更新資料庫檔：

```
julia> db["cleese.png"] = "Photo of John Cleese."
"Photo of John Cleese."
```

當您存取一個項目時，GDBM 會去讀取那個檔案：

```
julia> db["cleese.png"]
"Photo of John Cleese."
```

如果對已經存在的鍵指定新的值，GDBM 會將舊值替換掉：

```
julia> db["cleese.png"] = "Photo of John Cleese doing a silly walk."
"Photo of John Cleese doing a silly walk."
julia> db["cleese.png"]
"Photo of John Cleese doing a silly walk."
```

有些以字典為引數的函數，例如 keys 和 values，不適用於資料庫物件。不過以 for 迴圈進行迭代是可以的：

```
for (key, value) in db
    println(key, ": ", value)
end
```

和其他檔案一樣，當不再使用資料庫時應該要關閉它：

```
julia> close(db)
```

序列化

GDBM 的限制之一是鍵和值都必須是字串或位元組陣列（byte array）。如果您想要使用其他的型別會發生錯誤。

函數 serialize 和 deserialize 對此困難可以有所幫助。serialize 函數可以將幾乎任何型別的物件轉譯為適合儲存在資料庫中的位元組陣列（也就是一個 IOBuffer）：

```
julia> using Serialization

julia> io = IOBuffer();

julia> t = [1, 2, 3];

julia> serialize(io, t)
24
julia> print(take!(io))
UInt8[0x37, 0x4a, 0x4c, 0x07, 0x04, 0x00, 0x00, 0x00, 0x15, 0x00, 0x08, 0xe2,
0x01, 0x00, 0x00, 0x00, 0x00, 0x00, 0x00, 0x00, 0x02, 0x00, 0x00, 0x00, 0x00,
0x00, 0x00, 0x00, 0x03, 0x00, 0x00, 0x00, 0x00, 0x00, 0x00, 0x00]
```

這種格式不太適合人類閱讀，它主要是為了方便 Julia 解譯使用。deserialize 則會重新建構物件：

```
julia> io = IOBuffer();

julia> t1 = [1, 2, 3];

julia> serialize(io, t1)
24
julia> s = take!(io);

julia> t2 = deserialize(IOBuffer(s));

julia> print(t2)
[1, 2, 3]
```

serialize 和 deserialize 都會對一個 IOBuffer 物件進行寫入和讀取，這種物件代表一個記憶體內的輸出入串流。函數 take! 會取出 IOBuffer 的內容並儲存為位元組陣列，同時將 IOBuffer 重設為初始狀態。

雖然新物件和舊物件具有相同的值，一般而言它們不是同一個物件：

```
julia> t1 == t2
true
julia> t1 ≡ t2
false
```

換句話說，對物件先進行序列化再進行反序列化的效果和複製這個物件相同。

您可以利用這點來將非字串物件儲存在資料庫中。

事實上，將非字串物件儲存到資料庫中是很常見的，所以這個功能已經被包裝在名稱為 JLD2 的套件中（*http://bit.ly/2TRWJCU*）。

命令物件

大部份的作業系統都會提供命令行介面（command-line interface），也稱為**殼層**（*shell*）。殼層通常會提供瀏覽檔案系統和載入應用程式的命令。例如在 Unix 中您可以使用 cd 來改變目錄，用 ls 來顯示目錄內容，以及鍵入（舉例而言）firefox 來載入網頁瀏覽器。

任何您可以在殼層中載入的程式也可以在 Julia 中利用**命令物件**（*command object*）載入：

```
julia> cmd = `echo hello`
`echo hello`
```

反引號是用來區隔命令用的。

run 函數可以執行命令：

```
julia> run(cmd);
hello
```

hello 是 echo 命令的輸出，會被送到 STDOUT（標準輸出裝置）。run 函數本身會傳回一程序物件，並且會在那個外部命令無法成功執行時丟出 ErrorException。

如果想要讀取外部命令的輸出，可以使用 read：

```
julia> a = read(cmd, String)
"hello\n"
```

例如，大部份的 Unix 系統會提供一個稱為 md5sum 或 md5 的函數來讀取檔案內容並計算它的 MD5 校驗和（checksum）（*http://bit.ly/2G2nhxx*）。這個命令讓我們可以很容易的檢查兩個檔案的內容是否一致。不同內容的檔案產生同樣的校驗和的機率極低（也就是在宇宙崩解前都不會發生）。

在 Julia 中您可以使用命令物件來執行 md5 並得到結果：

```
julia> filename = "output.txt"
"output.txt"
julia> cmd = `md5 $filename`
`md5 output.txt`
julia> res = read(cmd, String)
"MD5 (output.txt) = d41d8cd98f00b204e9800998ecf8427e\n"
```

模組

假設有一名為 *wc.jl* 的檔案，其內容如下：

```
function linecount(filename)
    count = 0
    for line in eachline(filename)
        count += 1
    end
    count
end

print(linecount("wc.jl"))
```

如果執行這個程式，它會讀入自己並印出檔案內容的行數，也就是 9。您也可以在 REPL 中引入它：

```
julia> include("wc.jl")
9
```

如果您不想在 Main 中加入 linecount 函數，不過又想要在其他地方使用這個函數時怎麼辦呢？ Julia 使用**模組**（*module*）來建立不同的可變工作空間。

一個模組會由關鍵字 module 開始並以 end 結尾。使用模組可避免您所定義的名稱和其他人所寫的程式碼產生名稱衝突。import（匯入）可以讓您控制來自哪個模組的名稱才是正確的。

export 則會指明您的哪一個名稱是公開的（也就是可以在模組外被直接使用，而不需將模組名稱作為字首加在前面）：

```
module LineCount
    export linecount

    function linecount(filename)
        count = 0
        for line in eachline(filename)
            count += 1
        end
        count
    end
end
```

using 敘述讓您可以在不同的地方使用模組的公開名稱，所以您可以在 LineCount 模組之外使用它所提供的 linecount 函數：

```
julia> using LineCount

julia> linecount("wc.jl")
11
```

習題 14-1

將這個範例輸入至檔案 *wc.jl* 中，然後在 REPL 引入它，再輸入 **using LineCount**。

如果您匯入一個已經匯入的模組，Julia 不會再進行匯入。即使檔案已經被更動過，它也不會重新讀入檔案。

如果您想要重新載入模組，您必須重新啟動 REPL。如果不想這麼做，您可以使用 Revise（*http://bit.ly/2uLW2Ru*）套件來讓 REPL 可以繼續執行。

除錯

對檔案進行讀取和寫入時，處理空白字元可能會遇見麻煩。這樣的錯誤很難除錯，因為空白、定位、和換行字元都是看不見的：

```
julia> s = "1 2\t 3\n 4";

julia> println(s)
1 2	 3
 4
```

內建函數 repr 和 dump 可以幫得上忙。它們可以接受任何物件作為引數並傳回該物件的字串表達形式：

```
julia> repr(s)
"\"1 2\\t 3\\n 4\""
julia> dump(s)
String "1 2\t 3\n 4"
```

這樣對除錯應該有幫助。

另一個您可能會遭遇的問題是不同系統使用不同的字元來表達一行的結束。有些系統使用換行字元，以 \n 表示。有些系統使用歸位（Return）字元，以 \r 表達。還有些兩者一起用。如果您在不同系統間轉移檔案，這種不一致性會產生問題。

大部份的系統都有提供一些應用程式來進行格式轉換。您可以透過以下連結閱讀換行字元和轉換應用程式的說明（*http://bit.ly/2Uj3nXZ*），或者自己寫一個吧。

詞彙表

持續性的（*persistent*）

指執行時間不確定的程式，而且至少會將它的部份資料保存在永久性儲存裝置上。

文字檔（*text file*）

儲存於像硬碟這樣的永久性儲存裝置上的一連串字元。

目錄（*directory*）

一群檔案的聚集，並會對此聚集進行命名。也稱為資料夾。

路徑（*path*）

用以識別一檔案的字串。

相對路徑（*relative path*）

以目前目錄作為起點的路徑。

絕對路徑（*absolute path*）

以檔案系統的最上層目錄作為起點的路徑。

抓取（*catch*）

使用 `try ...catch ... finally` 敘述以防止例外的發生造成程式中斷。

資料庫（*database*）

一個將內容組織成和字典類似的架構的檔案。

殼層（*shell*）

允許使用者鍵入和執行命令的程式。

命令物件（*command object*）

一個代表殼層命令的物件，可允許 Julia 程式執行命令和讀取結果。

模組（*module*）

用以防止發生命名衝突所分隔的工作空間。

習題

習題 14-2

寫一個稱為 sed 的函數，它會接受一個樣式字串、一個替換字串、以及兩個檔名作為引數。它會讀取第一個檔案並將內容寫入第二個檔案（必要時建立它）。如果在第一個檔案中任何位置出現了樣式字串，就把它替換成替換字串。

如果在開啟、讀取、寫入、或關閉檔案時發生錯誤，這個程式應該要能抓取例外、印出錯誤訊息，然後結束程式。

習題 14-3

如果您已完成第 165 頁的“習題 12-3”，您會看到一個將排序後的字母陣列映射到可以由這些字母拼出來的單字所構成的陣列。例如，`"opst"` 會映射至陣列 `["opts", "post", "pots", "spot", "stop", "tops"]`。

寫一個模組來匯入 `anagramsets` 並提供兩個新函數：`storeanagrams` 會使用 `JLD2` 來儲存易位構詞字典； `readanagrams` 則會查找單字並傳回它的易位構詞陣列。

習題 14-4

在一個包含許多 MP3 檔案的資料集中，同樣的歌曲可能會有好幾個版本，它們可能被放在不同的目錄或以不同名稱命名。本習題的目標是找出重複的歌曲。

1. 寫一個程式來搜尋一個目錄和它的子目錄，並傳回所有包含特定字尾（如 *.mp3*）的檔案的完整路徑所構成的陣列。
2. 要識別重複檔案，您可以使用 `md5sum` 或 `md5` 來計算每個檔案的“校驗和”。如果兩個檔案的校驗和相同，它們的內容大概就是一樣的。
3. 您可以使用 Unix 的 `diff` 命令來進行複核。

第十五章

結構與物件

目前您已經知道如何使用函數來組織程式碼，也知道如何使用內建型別來組織資料。下一步是學習如何建立您自己的型別來組織程式碼與資料。這個主題涵蓋面頗大，我們要花幾章來說明這個主題。

複合型別

我們已經用過許多 Julia 的內建型別，現在要來定義新的型別。為了作為範例，我們會建立一個稱為 `Point` 的型別，用來表達二維空間中的一個點。

在數學符號系統內，點通常表達為一對括號中間包含著兩個用逗號分隔的坐標。例如，(0, 0) 代表原點，而 (x, y) 代表在原點右方 x 個單位及在它上方 y 個單位的點。

在 Julia 中有幾種方式可以用來表達點：

- 我們可以將坐標分別存在兩個變數 `x` 和 `y` 中。
- 我們可以將坐標存為陣列或元組的元素。
- 我們可以建立一種新的型別來將點表達為物件。

建立新的型別比其他兩種方式複雜多了，不過很快的您就會明瞭它的優勢所在。

由程式設計師所定義的**複合型別**（*composite type*）也被稱為**結構**（*struct*）。點的 `struct` 定義看起來會像是這個樣子：

```
struct Point
    x
    y
end
```

第一行的標頭指出這個新的結構名稱為 Point。本體則定義了這個結構的**屬性**（*attribute*）或**欄位**（*field*）。Point 結構包含兩個欄位：x 和 y。

結構就像是製造物件的工廠。要建立一個新的點，您可以像呼叫函數一樣呼叫 Point 並將欄位的值當作引數傳給它。當 Point 被用為函數使用時，它被稱為**建構子**（*constructor*）：

```
julia> p = Point(3.0, 4.0)
Point(3.0, 4.0)
```

傳回值是一個 Point 物件的參照，我們把它指定給 p。

建立一個新物件的過程被稱為**實例化**（*instantiation*），所建立的物件為此型別的**實例**（*instance*）。

印出一個實例時，Julia 會告訴您它的型別以及所有欄位的值。

每一個物件都是某種型別的實例，所以“物件”和“實例”可以互換使用。不過在本章中我會用“實例”來指出我所談論的是由程式設計師所定義的型別。

顯示物件和它的欄位的狀態圖稱為**物件圖**（*object diagram*）。請參見圖 15-1。

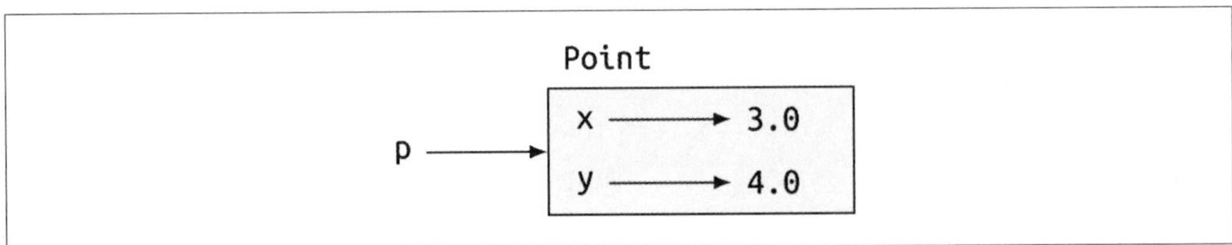

圖 15-1　物件圖

結構是不可改變的

您可以使用 .（句點）符號來取得欄位的值：

```
julia> x = p.x
3.0
julia> p.y
4.0
```

運算式 p.x 代表“去 p 所參照的物件那裏取得 x 的值”。在這個範例中，我們將這個值指定給變數 x。變數 x 和欄位 x 並不會產生衝突。

您可以在任何運算式中使用句點符號。例如：

```
julia> distance = sqrt(p.x^2 + p.y^2)
5.0
```

然而結構被預設為不可改變的。它的欄位的值不能被改變：

```
julia> p.y = 1.0
ERROR: setfield! immutable struct of type Point cannot be changed
```

雖然剛開始時會覺得這樣的設定很奇怪，不過這也有幾個優點：

- 這樣比較有效率。
- 這樣就不會違背型別建構子的不變性（參見第 218 頁的“建構子”小節）。
- 使用不可改變物件的程式碼的運作比較容易理解。

可改變結構

當有需要時，可以使用關鍵字 mutable struct 來宣告可改變的複合型別。以下是可改變點的定義：

```
mutable struct MPoint
    x
    y
end
```

您可以使用句點符號來指定值給可改變結構的實例：

```
julia> blank = MPoint(0.0, 0.0)
MPoint(0.0, 0.0)
julia> blank.x = 3.0
3.0
julia> blank.y = 4.0
4.0
```

矩形

有時物件應該包含什麼欄位是很明確的，不過有時您必須做些決定。例如，假設您正在設計一個用來表達矩形的型別。您要使用什麼欄位來表示矩形的位置和大小？您可以忽略偏角來簡化問題，假設所有的矩形不是垂直就是水平的。

至少有兩種可能作法：

- 您可以指明矩形的一個角點（或中心點）、寬度、和高度。
- 您可以指明矩形的兩個相對的角點。

目前還很難斷定哪種方式較好，所以我們先實作第一種方式作為範例說明：

```
"""
Represents a rectangle.

fields: width, height, corner
"""
struct Rectangle
    width
    height
    corner
end
```

文件字串中列出了所有欄位：width 和 height 是數字、corner 則是指明左下角點的 Point 物件。

要表達一個矩形，您必須先建立一個 Rectangle 物件：

```
julia> origin = MPoint(0.0, 0.0)
MPoint(0.0, 0.0)
julia> box = Rectangle(100.0, 200.0, origin)
Rectangle(100.0, 200.0, MPoint(0.0, 0.0))
```

圖 15-2 呈現此物件的狀態。如果一個物件是另一個物件的欄位的值，則稱此物件是**內嵌的**（*embedded*）。由於 corner 屬性參照至一個可改變物件，這個物件被畫在 Rectangle 物件的外面。

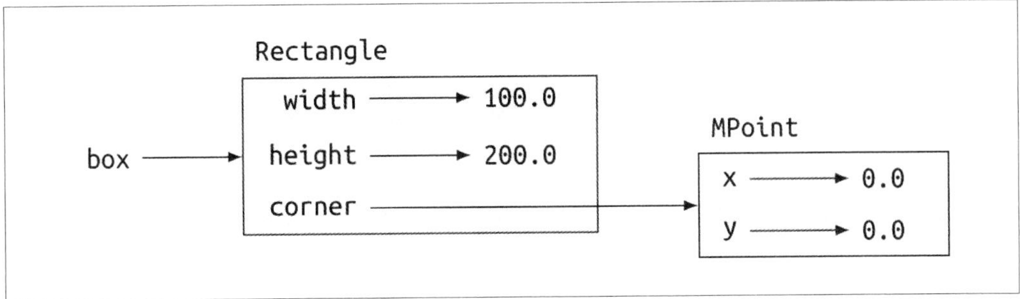

圖 15-2　物件圖

以實例作為引數

您可以像之前一樣把實例當作是引數使用。例如：

```
function printpoint(p)
    println("($(p.x), $(p.y))")
end
```

printpoint 接受一個 Point 物件作為引數並且用數學符號來表達它。您可以傳入 blank 作為引數來呼叫它：

```
julia> printpoint(blank)
(3.0, 4.0)
```

習題 15-1

寫一個名稱為 distancebetweenpoints 的函數來接受兩個點作為引數，並傳回它們間的距離。

如果可改變結構物件被當作引數傳給一個函數時，這個函數可以更動物件中的欄位。例如，movepoint! 接受一個可改變的 Point 物件以及兩個數字 dx 和 dy 作為引數，並將這兩個數字分別加到那個 Point 物件的 x 和 y 屬性：

```
function movepoint!(p, dx, dy)
    p.x += dx
    p.y += dy
    nothing
end
```

以下的範例展示了它的效果：

```
julia> origin = MPoint(0.0, 0.0)
MPoint(0.0, 0.0)
julia> movepoint!(origin, 1.0, 2.0)

julia> origin
MPoint(1.0, 2.0)
```

在函數裏面，p 是 origin 的別名，所以當函數更動 p 時，origin 也會跟著改變。

將一個不可改變的 Point 物件傳入至 movepoint! 會導致錯誤：

```
julia> movepoint!(p, 1.0, 2.0)
ERROR: setfield! immutable struct of type Point cannot be changed
```

然而您還是可以更動一個不可改變物件中的可改變屬性。例如，moverectangle! 具有一個 Rectangle 物件引數和兩個數字 dx 和 dy 引數，並使用 movepoint! 來移動矩形的角點：

```
function moverectangle!(rect, dx, dy)
  movepoint!(rect.corner, dx, dy)
end
```

此時 movepoint! 中的 p 是 rect.corner 的別名，所以當 p 被更動時，rect.corner 也會跟著改變：

```
julia> box
Rectangle(100.0, 200.0, MPoint(0.0, 0.0))
julia> moverectangle!(box, 1.0, 2.0)

julia> box
Rectangle(100.0, 200.0, MPoint(1.0, 2.0))
```

您無法重新指定不可改變物件中的可改變屬性：

```
julia> box.corner = MPoint(1.0, 2.0)
ERROR: setfield! immutable struct of type Rectangle
  cannot be changed
```

以實例作為傳回值

函數可以傳回實例。例如，findcenter 會接受一個 Rectangle 物件作為引數並傳回包含這個矩形中心點坐標的 Point 物件：

```
function findcenter(rect)
    Point(rect.corner.x + rect.width / 2, rect.corner.y + rect.height / 2)
end
```

運算式 rect.corner.x 代表“去 rect 所參照的物件那裏，並選擇名稱為 corner 的欄位之物件；然後去那物件那裏並選擇名稱為 x 的欄位之物件”。

以下的範例將 box 作為引數傳入函數，並將所傳回的 Point 物件指定給 center：

```
julia> center = findcenter(box)
Point(51.0, 102.0)
```

複製

別名會讓程式難以閱讀，因為某地方的改變可能會在其他地方造成不可預期的效應。要記錄參照到某一物件的所有變數是很難的。

複製物件常被用來當作別名的另一種選擇。Julia 提供了一個稱為 deepcopy 的函數來執行**深度複製**（*deep copy*）以複製任何物件，包括任何內嵌物件：

```
julia> p1 = MPoint(3.0, 4.0)
MPoint(3.0, 4.0)
julia> p2 = deepcopy(p1)
MPoint(3.0, 4.0)
julia> p1 ≡ p2
false
julia> p1 == p2
false
```

≡ 運算子說明了 p1 和 p2 並不是同一個物件，正如我們所預期的。不過您可能會預期 == 會產出 true，因為這兩個點包含了同樣的資料。若是如此，您可能會失望的發現對於可改變物件來說，== 運算子的預設行為和 === 運算子是一樣的；它會檢查物件是否恆等，而不是是否相等（參見第 128 頁的“物件與值”小節）。這是因為對可改變的複合型別來說，Julia 並不知道什麼叫作相等——至少目前還不知道。

習題 15-2

建立一個 Point 實例，並建立它的複本，再檢查兩者間的相等性與恆等性。結果可能會讓您覺得驚訝，但它解釋了為何別名對不可改變的物件來說並不是問題。

除錯

當您開始操作物件時，有可能會遇見一些新的例外。若您想要存取不存在的欄位時，會得到：

```
julia> p = Point(3.0, 4.0)
Point(3.0, 4.0)
julia> p.z = 1.0
ERROR: type Point has no field z
Stacktrace:
 [1] setproperty!(::Point, ::Symbol, ::Float64) at ./sysimg.jl:19
 [2] top-level scope at none:0
```

如果不確定物件的型別，可以用問的：

```
julia> typeof(p)
Point
```

您也可以使用 isa 來檢查一個物件是否是某一型別的實例：

```
julia> p isa Point
true
```

如果您不確定一個物件是否包含特定屬性，可以使用內建函數 fieldnames 來檢查：

```
julia> fieldnames(Point)
(:x, :y)
```

或者使用 isdefined 函數：

```
julia> isdefined(p, :x)
true
julia> isdefined(p, :z)
false
```

第一個引數可以是任何物件，第二個引數是一個冒號後面加上欄位名稱。

詞彙表

結構（*struct*）

一種由使用者所定義的型別，它包含了一組具有名稱的欄位。也稱為**複合型別**。

屬性（*attribute*）

物件中的具有名稱的值，也稱為**欄位**。

建構子（*constructor*）

和型別具有相同名稱的函數，用以建立該型別的實例。

實例化（*instantiate*）

建立新的物件。

實例（*instance*）

屬於特定型別的物件。

物件圖（*object diagram*）

顯示物件和它的欄位和值的圖。

內嵌物件（*embedded object*）

儲存在另一物件欄位內的物件。

深度複製（*deep copy*）

複製一個物件和它所有的內嵌物件的內嵌物件，依此類推。用 `deepcopy` 函數進行實作。

習題

習題 15-3

1. 寫一個名稱為 `Circle` 的型別定義，包含欄位 `center`（圓心）和 `radius`（半徑），其中 `center` 是一個 `Point` 物件而且 `radius` 是一個數字。
2. 實例化一個 `Circle` 物件來表達一個圓心為 (150, 100) 且半徑為 75 的圓形。

3. 寫一個名稱為 pointincircle 的函數，它接受一個 Circle 物件和一個 Point 物件為引數，且當那個點位於圓周時傳回 true。

4. 寫一個名稱為 rectincircle 的函數，它接受一個 Circle 物件和一個 Rectangle 物件，並會在那矩形完全被包含在圓裏面時傳回 true。

5. 寫一個名稱為 rectcircleoverlap 的函數，接受一個 Circle 物件和一個 Rectangle 物件，並會在矩形的任一個角點落在圓內時傳回 true。您也可挑戰另一個版本，在矩形的任一部份落在圓內時傳回 true。

習題 15-4

1. 寫一個名稱為 drawrect 的函數，接受一個 Turtle 物件和一個 Rectangle 物件並使用海龜來畫出這個矩形。參見第 4 章中使用海龜物件的範例。

2. 寫一個名稱為 drawcircle 的函數，接受一個 Turtle 物件及一個 Circle 物件並畫出那個圓。

第十六章

結構與函數

目前我們已學到如何建立複合型別，下一步則是要寫出能接受使用者定義物件作為引數及傳回值的函數。在本章中我也會介紹“函數式程式設計風格（functional programming style）”以及兩種新的程式開發計畫。

時間

為了作為複合型別的另一個範例，我們在此定義一個稱為 `MyTime` 的結構，用來記錄一天的時間。這個結構的定義如下：

```
"""
Represents the time of day.

fields: hour, minute, second
"""
struct MyTime
    hour
    minute
    second
end
```

`Time` 這個名稱已經被 Julia 用過了，所以我們選擇這個名稱來避免名稱衝突。我們可以用下列方式建立新的 `MyTime` 物件：

```
julia> time = MyTime(11, 59, 30)
MyTime(11, 59, 30)
```

`MyTime` 物件的物件圖如圖 16-1 所示。

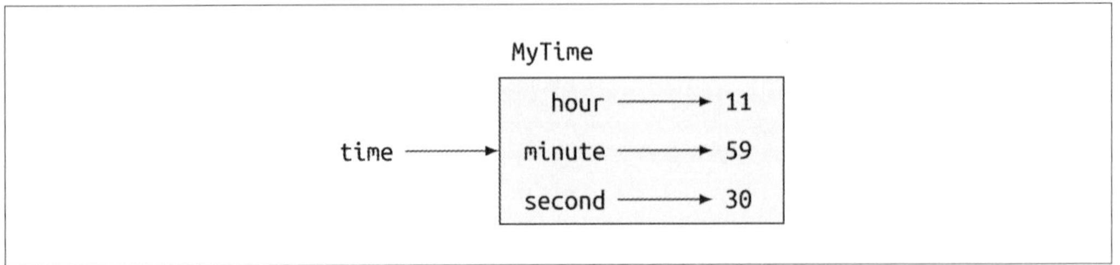

圖 16-1　物件圖

習題 16-1

寫一個名稱為 printtime 的函數，會接受一個 MyTime 物件並以時：分：秒的格式印出它的內容。標準程式庫模組 Printf 中的 @printf 巨集可以用格式序列 "%02d" 來印出至少二位數的整數，而且在必要時（也就是當整數是個位數字時）會在前面補零。

習題 16-2

寫一個名稱為 isafter 的布林函數，會接受兩個 MyTime 物件 t1 和 t2，並在 t1 是 t2 之後的時間時傳回 true，否則傳回 false。挑戰題：請不要使用 if 敘述。

單純函數

接下來的幾個小節中，我們會寫兩個函數來將時間的值相加。它們展示了兩種函數：單純函數與修正者。它們也會展示了一個我稱為**原型與修補**（*prototype and patch*）的開發計畫。這個計畫的作法是由一簡單的原型開始，再漸增式的處理複雜的地方。

以下是 addtime 的簡單原型：

```
function addtime(t1, t2)
    MyTime(t1.hour + t2.hour, t1.minute + t2.minute, t1.second + t2.second)
end
```

這個函數會建立一個新的 MyTime 物件後初始化它的欄位，再傳回這個新物件的參照。我們稱這種函數為**單純函數**（*pure function*），因為它不會更動傳給它作為引數的任何物件，而且它除了傳回值外不會多做其他的事，例如顯示變數的值或者取得使用者的輸入。

為了要測試這個函數，我會建立兩個 MyTime 物件：start 包含了一部電影（例如**聖杯傳奇**（*Monty Python and the Holy Grail*））的開始放映時間，以及包含了電影的長度的 duration，此例中是 1 小時 35 分鐘。

addtime 可以找出何時這部電影會結束放映：

```
julia> start = MyTime(9, 45, 0);

julia> duration = MyTime(1, 35, 0);

julia> done = addtime(start, duration);

julia> printtime(done)
10:80:00
```

最後的 **10:80:00** 可能不是您想要看到的結果。這個函數的問題在於它無法處理相加之後超過 60 的分鐘數和秒數。當發生這種情況時，我們必須將多出來的秒數“進位”到分鐘欄位且將多出來的分鐘數進位到小時欄位。以下是改良版：

```
function addtime(t1, t2)
    second = t1.second + t2.second
    minute = t1.minute + t2.minute
    hour = t1.hour + t2.hour
    if second >= 60
        second -= 60
        minute += 1
    end
    if minute >= 60
        minute -= 60
        hour += 1
    end
    MyTime(hour, minute, second)
end
```

雖然這是一個正確的函數，不過它看來有點長。稍後我們會看到一個較短的版本。

修正者

對函數來說，可以更改參數的內容有時是很有用的。此時函數的呼叫者也可看到函數所做的更動。這類的函數被稱為**修正者**（*modifier*）。

increment! 會將一給定的秒數加到一個 MyTime 物件，因此自然的可以寫成修正者。以下是它的草稿：

```
function increment!(time, seconds)
    time.second += seconds
    if time.second >= 60
        time.second -= 60
        time.minute += 1
    end
    if time.minute >= 60
        time.minute -= 60
        time.hour += 1
    end
end
```

第一行執行基本運算，剩餘的部份則處理我們之前看到的特殊狀況。

這個函數正確嗎？如果秒數遠大於 60 時會發生什麼事呢？

在這個情況下，只進位一次是不夠的。我們必須一直進位直到所餘秒數少於 60 為止。一種解決方式是把 if 敘述換成 while 敘述。雖然這樣可行，不過效率不佳。

習題 16-3

寫一個不使用迴圈的正確版 increment! 函數。

任何可用修正者完成的事也可以用單純函數完成。事實上，有些程式語言只允許使用單純函數。有證據顯示使用單純函數的程式開發速度比較快而且比較不會出錯。不過修正者有時還是比較方便的，而且函數式程式本來效率就較差。

一般而言，我還是建議您盡可能的使用單純函數，除非使用修正者可以帶來明顯的效益。這樣的作法可以稱為**函數式程式設計風格**（*functional programming style*）。

習題 16-4

寫一個“單純”版的 increment 函數，它會建立並傳回一個新的 MyTime 物件而不是更改它的參數。

原型 vs. 計畫

請記得我目前正在展示的開發計畫稱為“原型與修補”。對每個函數我都寫一個執行基本計算的原型然後再一路測試和修補它。

這個方法效率不錯，尤其在當您對問題的瞭解不深時。不過漸增式的修改程式可能會產生過於複雜的程式碼，因為有太多的特殊狀況要處理。程式也可能不太可靠，因為您很難確定是否已經找出所有的錯誤。

另一種作法是**設計式開發**（*designed development*），藉由深度的洞察問題來簡化程式設計。在上面的例子中，我們可以洞察到 `Time` 物件事實上是以 60 為底的 3 位數字（*http://bit.ly/2HYQLyI*）。`second` 屬性是“1 之列”，`minute` 屬性是“60 之列”，而 `hour` 屬性則為“3600 之列”。

當我們撰寫 `addtime` 和 `increment!` 時，事實上我們就是在進行以 60 為底的加法，這也就是為什麼我們要進位的原因。

這個觀察給我們另一種解決這個問題的想法。我們可以將 `MyTime` 物件轉換為整數並善用電腦擅長整數運算的優點。

以下是將 `MyTimes` 轉換為整數的函數：

```
function timetoint(time)
    minutes = time.hour * 60 + time.minute
    seconds = minutes * 60 + time.second
end
```

還有另一個函數可用來將整數轉換回 `MyTime` 物件（回想一下 `divrem` 會將第一個引數除以第二個引數並以一個元組傳回商和餘數）：

```
function inttotime(seconds)
    (minutes, second) = divrem(seconds, 60)
    hour, minute = divrem(minutes, 60)
    MyTime(hour, minute, second)
end
```

您可能需要思考和測試一下這些函數來說服自己它們是正確的。一種測試方式是用不同的 `x` 值來測試 `timetoint(inttotime(x)) == x`。這是一致性檢查（參見第 150 頁的“除錯”小節）的一個範例。

一旦您確信它們是正確的，就可以用它們來重寫 addtime：

```
function addtime(t1, t2)
    seconds = timetoint(t1) + timetoint(t2)
    inttotime(seconds)
end
```

這個版本比原來的版本更短，而且更容易進行驗證。

習題 16-5

使用 timetoint 和 inttotime 來重寫 increment!。

在某些情形下，要從以 60 為底轉換為以 10 為底的計算沒有像處理時間這麼容易。基底轉換比較抽象，我們以直覺來處理時間會更好。

不過如果我們已經洞察到時間是以 60 為底的數字，而且花了時間來撰寫轉換函數（timetoint 和 inttotime），我們可以寫出更短、更容易閱讀和除錯、並且更可靠的程式。

這樣也會讓以後要增加新的功能變得更容易。例如，想像一下要將兩個 MyTimes 相減來找出它們間的時間差距。單純的想法會是實作具借位的減法。使用轉換函數會更容易且較可能寫出正確的程式碼。

諷刺的是，有時讓問題變複雜（或更通用）反而讓它變得更容易解決（因為特殊狀況變少了，而且錯誤的機會也變小）。

除錯

當一個 MyTime 物件的 minute 和 second 的值介於 0 和 60 之間（包括 0 和 60）且 hour 是正數時，它的格式是完善的。hour 和 minute 應該是整數，不過我們可以允許 second 具有小數。

像這樣子的要求被稱為**不變性**（*invariant*），因為它們應該總是成立的。換句話說，如果它們不成立，代表有錯誤發生了。

寫一段驗證不變性的程式碼可以幫助我們找出錯誤以及發生錯誤的原因。例如，您可能會寫一個函數叫 isvalidtime 來接受一個 MyTime 物件，並在這個物件違背某一種不變性時傳回 false：

```
function isvalidtime(time)
    if time.hour < 0 || time.minute < 0 || time.second < 0
        return false
    end
    if time.minute >= 60 || time.second >= 60
        return false
    end
    true
end
```

在每個函數的開頭您都應該檢查引數以確保它們是正確的：

```
function addtime(t1, t2)
    if !isvalidtime(t1) || !isvalidtime(t2)
        error("invalid MyTime object in add_time")
    end
    seconds = timetoint(t1) + timetoint(t2)
    inttotime(seconds)
end
```

或者您也可以使用 `@assert` 巨集來檢查某一不變性並在不成立時丟出例外：

```
function addtime(t1, t2)
    @assert(isvalidtime(t1) && isvalidtime(t2), "invalid MyTime object in
add_time")
    seconds = timetoint(t1) + timetoint(t2)
    inttotime(seconds)
end
```

`@assert` 巨集很有用，因為它們可以區分處理正常狀況的程式碼和檢查錯誤的程式碼。

詞彙表

原型與修補（*prototype and patch*）

一種開發計畫，其中包含了撰寫一個粗略的程式草稿、測試、以及在發生錯誤時進行修正。

單純函數（*pure function*）

不會更動它所收到的引數的函數。大部份的單純函數都是結果函數。

修正者（*modifier*）

會改變它所收到的引數的函數。大部份的修正者都是虛無函數，也就是傳回 `nothing`。

函數式程式設計風格（*functional programming style*）

　一種程式設計的風格，其中大部份所寫的函數都是單純函數。

設計式開發（*designed development*）

　一種開發計畫，包含進行問題的高層次洞察以及比增量式開發或原型開發更多的規劃。

不變性（*invariant*）

　程式執行過程中不能改變的條件。

習題

習題 16-6

寫一個稱為 `multime` 的函數，它接受一個 `MyTime` 物件和一個數字作為引數，並傳回這個 `MyTime` 物件和這個數字的乘積的新 `MyTime` 物件。

然後再用 `multime` 來寫一個函數，它會接受一個代表完成時間的 `MyTime` 物件以及一個代表距離的數字，並傳回一個代表平均步速（pace，每英哩所花時間）的 `MyTime` 物件。

習題 16-7

Julia 提供了和本章中的 `MyTime` 物件相似的 `Time` 物件（*http://bit.ly/2CW6BWo*），它具有更豐富的函數和運算子。

1. 寫一個程式來取得目前的日期並印出它是一週中的哪一天。
2. 寫一個程式來接受一個生日作為引數，並印出那使用者的年齡以及到下一個生日還剩幾天、幾小時、幾分、幾秒。
3. 對兩個出生在不同日子的人來說，會有一天其中一人的年紀是另一人的兩倍。那天是他們的二倍日（Double Day）。寫一個程式來接受兩個生日並算出它們的二倍日。
4. 多一點挑戰性吧！寫一個更通用化的版本來算出某一個人的年紀是另一個人的 *n* 倍時的日期。

第十七章

多重分派

在 Julia 裏您可以寫出適用於不同型別的程式碼。這稱為“泛型程式設計（generic programming）”。

本章中我將討論 Julia 的型別宣告的用法，我也會介紹如何根據函數的引數型別來執行不同程式碼的方法。我們稱這為“多重分派（multiple dispatch）”。

型別宣告

:: 運算子可以將**型別註解**（*type annotation*）加在運算式和變數之後，用以表達它們應該的型別：

```
julia> (1 + 2) :: Float64
ERROR: TypeError: in typeassert, expected Float64, got Int64
julia> (1 + 2) :: Int64
3
```

這樣可以幫您確定程式用您所預期的方式執行。

:: 運算子也可以接在指定敘述的等號左邊，或作為宣告的一部份：

```
julia> function returnfloat()
           x::Float64 = 100
           x
       end
returnfloat (generic function with 1 method)
julia> x = returnfloat()
100.0
julia> typeof(x)
Float64
```

變數 x 的型別一定是 Float64，它的值必要時會被轉換為浮點數。

型別註解也可以被接在函數定義的標頭後面：

```
function sinc(x)::Float64
    if x == 0
        return 1
    end
    sin(x)/(x)
end
```

sinc 的傳回值一定會被轉換成 Float64 型別。

在 Julia 中當您省略型別時，代表允許值可以是任何型別的（也就是 Any）。

方法

在第 207 頁的“時間”小節中，我們定義了一個叫做 MyTime 的結構，也寫了一個稱為 printtime 的函數：

```
using Printf

struct MyTime
    hour :: Int64
    minute :: Int64
    second :: Int64
end

function printtime(time)
    @printf("%02d:%02d:%02d", time.hour, time.minute, time.second)
end
```

如您所看到的，型別宣告可以（而且為了效能的因素應該）被加在結構定義裏的欄位後。

要呼叫此函數，我們必須將一個 MyTime 物件傳入為引數：

```
julia> start = MyTime(9, 45, 0)
MyTime(9, 45, 0)
julia> printtime(start)
09:45:00
```

要在 printtime 中加入一個只接受 MyTime 物件作為引數的**方法**（*method*），我們只須在函數定義中的引數 time 後面加上 :: 及 MyTime 即可：

```
function printtime(time::MyTime)
    @printf("%02d:%02d:%02d", time.hour, time.minute, time.second)
end
```

一個方法就是具有特定**簽名**（*signature*）的函數定義：printtime 具有一個型別為 MyTime 的引數。

用一個 MyTime 物件來呼叫函數 printtime 會產出和以前同樣的結果：

```
julia> printtime(start)
09:45:00
```

我們現在可以不要使用 :: 型別註解來重新定義第一個方法，讓它可以接受任何型別的引數：

```
function printtime(time)
    println("I don't know how to print the argument time.")
end
```

如果您用一個不是 MyTime 型別的物件呼叫函數 printtime 的話，會得到：

```
julia> printtime(150)
I don't know how to print the argument time.
```

習題 17-1

重寫 timetoint 和 inttotime（來自第 211 頁的“原型 vs. 計畫”小節）以指明它們的引數型別。

更多範例

以下是改寫 increment（來自第 209 頁的“修正者”小節）為指明引數型別的版本：

```
function increment(time::MyTime, seconds::Int64)
    seconds += timetoint(time)
    inttotime(seconds)
end
```

請留意現在它是一個單純函數而不是修正者了。

以下是呼叫 increment 的作法：

```
julia> start = MyTime(9, 45, 0)
MyTime(9, 45, 0)
julia> increment(start, 1337)
MyTime(10, 7, 17)
```

如果您把引數的順序放錯了，會得到錯誤：

```
julia> increment(1337, start)
ERROR: MethodError: no method matching increment(::Int64, ::MyTime)
```

這個方法的簽名是 increment(time::MyTime, seconds::Int64)，而不是 increment(seconds::Int64, time::MyTime)。

要重寫 isafter 以使它只能用於 MyTime 物件很容易：

```
function isafter(t1::MyTime, t2::MyTime)
    (t1.hour, t1.minute, t1.second) > (t2.hour, t2.minute, t2.second)
end
```

順道一提，可選引數可以作為多重方法定義的語法的實作方式。例如，以下的定義：

```
function f(a=1, b=2)
    a + 2b
end
```

會被翻譯成下列三個方法：

```
f(a, b) = a + 2b
f(a) = f(a, 2)
f() = f(1, 2)
```

在 Julia 中這些運算式都是合法的方法定義。這是定義函數／方法的簡略表達法。

建構子

建構子（*constructor*）是用來建立物件的特殊函數。MyTime 的預設建構子（*default constructor*）方法會接受所有欄位作為引數，其簽名如下：

```
MyTime(hour, minute, second)
MyTime(hour::Int64, minute::Int64, second::Int64)
```

我們也可以加入自己的**外部建構子**（*outer constructor*）方法：

```
function MyTime(time::MyTime)
    MyTime(time.hour, time.minute, time.second)
end
```

這個方法被稱為**複製建構子**（*copy constructor*），因為那個新的 `MyTime` 物件是它的引數的複本。

我們需要**內部建構子**（*inner constructor*）方法來確保不變性：

```
struct MyTime
    hour :: Int64
    minute :: Int64
    second :: Int64
    function MyTime(hour::Int64=0, minute::Int64=0, second::Int64=0)
        @assert(0 ≤ minute < 60, "Minute is not between 0 and 60.")
        @assert(0 ≤ second < 60, "Second is not between 0 and 60.")
        new(hour, minute, second)
    end
end
```

`MyTime` 結構現在有四個內部建構子方法：

```
MyTime()
MyTime(hour::Int64)
MyTime(hour::Int64, minute::Int64)
MyTime(hour::Int64, minute::Int64, second::Int64)
```

內部建構子方法總是在型別宣告區塊中定義，而且它可以存取一個稱為 `new` 的特殊函數，這個函數可以建立目前正在宣告的那個型別的物件。

如果定義了任何內部建構子的話，就不會再有預設建構子了。您必須定義所有必要的內部建構子。

第二個方法使用沒有引數的 `new` 函數：

```
struct MyTime
    hour :: Int
    minute :: Int
    second :: Int
    function MyTime(hour::Int64=0, minute::Int64=0, second::Int64=0)
        @assert(0 ≤ minute < 60, "Minute is between 0 and 60.")
        @assert(0 ≤ second < 60, "Second is between 0 and 60.")
```

```
        time = new()
        time.hour = hour
        time.minute = minute
        time.second = second
        time
    end
end
```

這個作法允許我們建構遞迴資料結構，也就是它的其中一個欄位就是這個結構本身。在這個狀況下結構一定要是可改變的，因為它的欄位在實例化時會被更動。

show

show 是一個會傳回物件的字串表達法的特殊函數。例如，以下是 MyTime 物件的 show 方法：

```
using Printf

function Base.show(io::IO, time::MyTime)
    @printf(io, "%02d:%02d:%02d", time.hour, time.minute, time.second)
end
```

字首 Base 是必要的，因為我們想要加入一個新方法到 Base.show 函數中。

當您印出一個物件時，Julia 會呼叫 show 函數：

```
julia> time = MyTime(9, 45)
09:45:00
```

當我撰寫一個新的複合型別時，我幾乎都是從寫外部建構子開始，這樣會讓實例化物件變得更容易。另外就是 show 方法，它對除錯很有用。

習題 17-2

為 Point 類別寫一個外部建構子，它會接受 x 和 y 為可選參數，並指定它們給對應的欄位。

運算子多載

藉由定義運算子的方法，您可以明訂這個運算子對於程式設計師所定義的型別的作為。例如，如果您定義一個具有兩個 MyTime 引數而且名稱是 + 的方法，就可以在 MyTime 物件上使用 + 運算子。

以下是上述定義的參考版本：

```
import Base.+

function +(t1::MyTime, t2::MyTime)
    seconds = timetoint(t1) + timetoint(t2)
    inttotime(seconds)
end
```

import 敘述會把 + 運算子加進目前程式範圍內以讓我們可以重新定義它。

以下是使用它的方法：

```
julia> start = MyTime(9, 45)
09:45:00
julia> duration = MyTime(1, 35, 0)
01:35:00
julia> start + duration
11:20:00
```

當您把 + 運算子用在 MyTime 物件上時，Julia 會呼叫那個新加入的方法。當 REPL 要顯示結果時，Julia 會呼叫 show 來顯示。所以在看不見的地方發生了很多事！

增加運算子的作為以讓程式設計師所定義的型別也可以使用它，這樣的作法稱為**運算子多載**（*operator overloading*）。

多重分派

在前一小節中我們將兩個 MyTime 物件相加，不過您也可能想要把一個 MyTime 物件加上一個整數：

```
function +(time::MyTime, seconds::Int64)
    increment(time, seconds)
end
```

以下是使用 + 運算子對 MyTime 物件和整數作運算的範例：

```
julia> start = MyTime(9, 45)
09:45:00
julia> start + 1337
10:07:17
```

加法是具有交換性的，所以我們必須加入另一個方法：

```
function +(seconds::Int64, time::MyTime)
  time + seconds
end
```

這樣也可以得到同樣的結果：

```
julia> 1337 + start
10:07:17
```

分派（*dispatch*）機制決定了函數被呼叫時要執行哪一個方法。Julia 的分派程序會依據引數的數量以及所有引數的型別來選擇適當的方法來處理。使用函數裏所有的引數來選擇方法的作法稱為**多重分派**（*multiple dispatch*）。

習題 17-3

為 Point 物件寫一個 + 方法：

- 如果兩個運算元都是 Point 物件，則此方法應該傳回一個新的 Point 物件，它的 x 坐標是運算元的 x 坐標的和。它的 y 坐標是運算元的 y 坐標的和。
- 如果第一或第二個運算元是元組，這個方法應該要將元組的第一個元素加到 x 坐標並把第二個元素加到 y 坐標，再將結果以一新的 Point 物件傳回。

泛型程式設計

多重分派在必要時是很有用的，然而（還好）它不是一直都是必要的。藉由撰寫可正確的適用於不同型別引數的函數，我們可以避免多重分派。這樣的作法稱為**泛型程式設計**（*generic programming*）。

我們為字串所寫的許多函數也適用在其他種類的序列。例如，在第 141 頁的“以字典作為計數器聚集”小節中，我們使用直方圖來計算每個字母出現在一個單字中的次數：

```
function histogram(s)
    d = Dict()
    for c in s
        if c ∉ keys(d)
            d[c] = 1
        else
            d[c] += 1
        end
    end
    d
end
```

這個函數也適用於串列、元組、甚至字典上，只要 s 的元素是可雜湊的而且可以被當作 d 的鍵就好：

```
julia> t = ("spam", "egg", "spam", "spam", "bacon", "spam")
("spam", "egg", "spam", "spam", "bacon", "spam")
julia> histogram(t)
Dict{Any,Any} with 3 entries:
  "bacon" => 1
  "spam"  => 4
  "egg"   => 1
```

適用於多種型別的函數被稱為**多形**（*polymorphic*）。多形可使程式碼的再利用更為容易。

例如，可以把序列裏的元素加總的內建函數 sum，也適用於所有支援加法運算的序列上。

由於 MyTime 物件也提供 + 方法，所以它們也可適用 sum 函數：

```
julia> t1 = MyTime(1, 7, 2)
01:07:02
julia> t2 = MyTime(1, 5, 8)
01:05:08
julia> t3 = MyTime(1, 5, 0)
01:05:00
julia> sum((t1, t2, t3))
03:17:10
```

一般來說，如果一個函數中的所有運算都適用於某一型別，那我們就會說這個函數適用於這個型別。

最好的多形其實是無意間發生的，也就是您發現您所寫的函數原來可以適用在原來沒想到的型別時。

介面與實作方式

多重分派的目標之一是要讓軟體更容易管理，也就是即使系統的其他部份改變了，程式仍然會持續運行，以及允許您修改程式來滿足新的需求。

有助於達成這個目標的一個設計原則是區分介面與實作方式。這代表如果一個方法的引數被標註為某一型別，那這個方法的運作也應該和型別的欄位的表達法無關。

例如，在本章中我們發展了一個用來表示一天中的時間的結構。以這種型別標註引數的方法包括 `timetoint`、`isafter`、以及 `+`。

我們可以用幾種方式來實作這些方法。實作方式的細節和我們如何表達 `MyTime` 有關。本章中 `MyTime` 物件的欄位包括 `hour`、`minute` 和 `second`。

另一種方式是將這些欄位換成一個整數，代表從午夜開始起算的秒數。這樣的實作方式會使得某些函數，例如 `isafter`，變得更容易寫，不過其他的函數會變得更難寫。

當您開始使用新的型別後，可能會發現有更好的實作方式。如果程式的其他部份正在使用您的型別，要修改介面可能會很耗時並且容易出錯。

不過如果您小心的設計介面，就可以不需要在更改實作方式時更改介面，這也代表不用更動程式的其他部份。

除錯

當函數擁有一個以上的方法時，使用正確的引數來呼叫函數可能會有點難。有鑒於此，Julia 允許我們自行檢視函數中方法的簽名。

您可以使用 `methods` 函數來得知某一函數有哪些可用的方法：

```
julia> methods(printtime)
# 2 methods for generic function "printtime":
[1] printtime(time::MyTime) in Main at REPL[3]:2
[2] printtime(time) in Main at REPL[4]:2
```

在這個範例中，printtime 函數擁有兩個方法：其中之一的引數是 MyTime 型別，另一方法之引數是 Any 型別。

詞彙表

型別註解（*type annotation*）

:: 運算子後接著一個型別，用來指明一個運算式或變數是這個型別。

方法（*method*）

函數的可能作為的定義。

簽名（*signature*）

一個方法的引數數量和型別，在函數呼叫時用來選擇出最適合的方法來執行。

建構子（*constructor*）

用來建立物件的特殊函數。

預設建構子（*default constructor*）

不存在任何程式設計師所定義之內部建構子時所用的內部建構子。

外部建構子（*outer constructor*）

在型別定義的外部定義的建構子，用來建立新物件。

複製建構子（*copy constructor*）

一種外部建構子，它唯一的引數是這個型別的一個物件。它會建立一個新的物件，內容是那個引數的複本。

內部建構子（*inner constructor*）

定義在型別定義內部的建構子，用來確保不變性或建構自我參照物件。

運算子多載（*operator overloading*）

為像 + 這樣的運算子增加功能，讓它可以適用在程式設計師所定義的型別。

分派（*dispatch*）

當執行函數時選擇哪個方法來執行。

多重分派（*multiple dispatch*）
　　根據函數的所有引數來進行分派。

泛型程式設計（*generic programming*）
　　撰寫可適用於多種型別的程式碼。

多形函數（*polymorphic function*）
　　引數可以是好幾種型別的函數。

習題

習題 17-4

將 `MyTime` 的欄位改為只有一個代表從午夜算起之秒數的整數。而後再修改本章中所定義的方法以用於這個新的實作方式。

習題 17-5

寫一個名稱為 Kangaroo 的型別定義，它包含一個型別為 `Array`、名稱為 `pouchcontents` 的欄位，以及下列的方法：

- 一個將 pouchcontents 初始化為空陣列的建構子。
- 一個名稱為 `putinpouch` 的方法，它接受一個 Kangaroo 物件以及一個任何型別的物件，並將它加入 `pouchcontents` 中。
- 一個 show 方法來傳回表達 Kangaroo 物件及其肚囊內容物的字串。

建立兩個 Kangaroo 物件來測試您的程式，將它們分別指定給變數 kanga 和 roo，再把 roo 加到 kanga 的肚囊中。

第十八章

子型別化

上一章中我們介紹了多重分派與多形函數。不明訂引數的型別使得我們可以用任何型別的引數來呼叫方法。合理的下一步是指明一個方法的簽名中有哪些被允許的型別。

本章中我將展示如何使用用來表達紙牌、一副紙牌（牌疊）、以及牌型的型別來進行子型別化。

如果您不玩牌，可以看看它的介紹（*http://bit.ly/2VmIfMT*），不過這不是必要的。在習題中我會告訴您所需要知道的知識。

紙牌

一副牌有 52 張牌，每一張牌都屬於 4 種花色（suit）和 13 種點數（rank）之一。花色包含黑桃（Spade）（♠）、紅心（Heart）（♥）、方塊（Diamond）（♦）、以及梅花（Club）（♣）。點數包含王牌（Ace、A）、2、3、4、5、6、7、8、9、10、騎士（Jack、J）、皇后（Queen、Q）、以及國王（King、K）。根據遊戲的不同，王牌可能比國王還高，或比 2 還低。如果我們想要定義一個用來表達紙牌的物件，很明顯我們需要兩個屬性：`rank` 和 `suit`。但是這些屬性的型別就沒那麼明顯了。一種可能的作法是用字串來表達，例如花色為 `"Spade"` 而點數為 `"Queen"` 等。然而這種方法不利於比較花色或點數的高低。

另一種作法是將點數和花色**編碼**（*encode*）成整數。此處所講的“編碼”的意思是我們必須定義一種從數字到花色的映射，或一種從數字到點數的映射。這種編碼並不需要保密（不然就變成“加密（encryption）”了）。

例如，我們可以用以下的方式將花色映射至整數：

- ♠ ↦ 4
- ♥ ↦ 3
- ♦ ↦ 2
- ♣ ↦ 1

這樣會讓我們更容易進行紙牌的比較，因為愈大的花色映射到愈大的數字，所以我們可以用花色的編碼來比較花色的大小。

我用 ↦ 符號來表示這些映射並不是 Julia 程式的一部份。它們用在程式設計過程中，但不會被用在程式碼中。

Card 的結構定義範例如下：

```
struct Card
    suit :: Int64
    rank :: Int64
    function Card(suit::Int64, rank::Int64)
        @assert(1 ≤ suit ≤ 4, "suit is not between 1 and 4")
        @assert(1 ≤ rank ≤ 13, "rank is not between 1 and 13")
        new(suit, rank)
    end
end
```

要建立一個 Card 物件，可以呼叫 Card 並提供您想要的花色和點數：

```
julia> queen_of_diamonds = Card(2, 12)
Card(2, 12)
```

全域變數

為了要以人們所習慣的方式印出 Card 物件，我們需要將整數編碼映射到它所對應的點數和花色。自然的我們會想到用字串所構成的陣列來表達：

```
const suit_names = ["♣", "♦", "♥", "♠"]
const rank_names = ["A", "2", "3", "4", "5", "6", "7", "8", "9", "10", "J",
                    "Q", "K"]
```

變數 suit_names 和 rank_names 都是全域變數。const 宣告代表那個變數只能被指定一次。這樣就解決了全域變數的效能問題。

現在我們就可以實作一個合適的 show 方法：

```
function Base.show(io::IO, card::Card)
    print(io, rank_names[card.rank], suit_names[card.suit])
end
```

運算式 rank_names[card.rank] 代表“使用 card 物件的 rank 欄位作為 rank_names 陣列的索引，並取出對應的字串”。

我們可以用目前已有的方法來建立和印出 Card：

```
julia> Card(3, 11)
J♥
```

比較紙牌

對於內建型別我們可以用關係運算子（<、>、== 等）來比較它們的值並決定其中一個是否大於、小於、或等於另一個。對程式設計師所定義的型別來說，我們可以建立一個名稱為 < 的方法來覆寫內建運算子的作為。

紙牌的正確排序並不是那麼的明顯。例如，梅花 3 和方塊 2 哪個比較好呢？前者的點數較大，後者的花色較大。要比較紙牌之前，您必須先決定點數還是花色比較重要。

答案可能要依您所玩的遊戲而定。不過為了簡化問題，在此我們就選擇以花色為重，所以所有的黑桃都比紅心高，依此類推。

這樣決定後，我們就可以寫出 < 方法：

```
import Base.isless

function isless(c1::Card, c2::Card)
    (c1.suit, c1.rank) < (c2.suit, c2.rank)
end
```

習題 18-1

為 MyTime 物件寫一個 < 方法。您可以使用元組比較，但也可以考慮用整數來比較。

單元測試

單元測試（*unit testing*）讓您能藉由比較程式的實際結果和期望結果來驗證程式的正確性。這對要確保程式經過修改後還會是正確的這件事很有用，而且在開發過程中也可以用來事先定義程式的正確作為。

可以用 @test 巨集來進行簡單的單元測試：

```
julia> using Test

julia> @test Card(1, 4) < Card(2, 4)
Test Passed
julia> @test Card(1, 3) < Card(1, 4)
Test Passed
```

如果在 @test 後的運算式為真時會傳回 "Test Passed"，為假時傳回 "Test Failed"，無法進行賦值時則傳回 "Error Result"。

牌疊

現在有了 Card，下一步將定義 Deck。由於一個牌疊是由紙牌所構成的，自然的每一個 Deck 都會包含一個由 Card 所構成的陣列的屬性。

以下是 Deck 結構的定義。建構子會建立一個 cards 欄位並產生 52 張標準的 Card：

```
struct Deck
    cards :: Array{Card, 1}
end

function Deck()
    deck = Deck(Card[])
    for suit in 1:4
        for rank in 1:13
            push!(deck.cards, Card(suit, rank))
        end
    end
    deck
end
```

填滿牌疊的最簡單方式就是使用巢狀迴圈。外層迴圈會由 1 到 4 列舉所有花色。內層迴圈則會由 1 到 13 列舉所有點數。每一次執行迴圈時都會以目前的花色和點數建立一張新的 Card，並將它推入 deck.cards 中。

以下是 Deck 的 show 方法：

```
function Base.show(io::IO, deck::Deck)
    for card in deck.cards
        print(io, card, " ")
    end
    println()
end
```

以下是執行結果：

```
julia> Deck()
A♣ 2♣ 3♣ 4♣ 5♣ 6♣ 7♣ 8♣ 9♣ 10♣ J♣ Q♣ K♣ A♦ 2♦ 3♦ 4♦ 5♦ 6♦ 7♦ 8♦ 9♦ 10♦ J♦ Q♦
K♦ A♥ 2♥ 3♥ 4♥ 5♥ 6♥ 7♥ 8♥ 9♥ 10♥ J♥ Q♥ K♥ A♠ 2♠ 3♠ 4♠ 5♠ 6♠ 7♠ 8♠ 9♠ 10♠ J♠ Q♠
K♠
```

加入、移除、洗牌與排序

要發牌時，我們想要有一個函數可以從 Deck 中移除一張 Card 並將它傳回來。pop! 函數讓我們很容易就可以做到這件事：

```
function Base.pop!(deck::Deck)
    pop!(deck.cards)
end
```

由於 pop! 會移除陣列的最後一張 Card，我們會由 Deck 的底部開始發牌。

我們可以使用 push! 函數來加入一張 Card：

```
function Base.push!(deck::Deck, card::Card)
    push!(deck.cards, card)
    deck
end
```

有時我們會把像這種用了其他方法卻沒做什麼事的方法稱為**虛飾**（*veneer*）。這個隱喻來自於木工，虛飾是一種高品質原木之薄木片，一般會將其貼在較便宜的木頭上來改善它的外觀。

本例中 push! 就是一種“薄”的方法，以適合於 deck 的方式表達一種陣列的運算。它改善了實作方式的外表，也就是介面。

再來一個範例，我們可以使用 Random.shuffle! 函數來寫一個名稱為 shuffle! 的方法：

```
using Random

function Random.shuffle!(deck::Deck)
    shuffle!(deck.cards)
    deck
end
```

習題 18-2

寫一個名稱為 sort! 的函數，它使用 sort! 函數來排序 Deck 中的 cards。sort! 使用我們所定義的 < 方法來決定順序。

抽象型別與子型別化

我們想定義一種型別來表達“牌型（hand）”，也就是玩家手上的牌。hand 和 deck 很像：兩者都是由一堆 card 所構成，而且兩者都需要像加入和移除 card 這樣的運算。

但 hand 也和 deck 不同；有些運算適用於 hand，但對 deck 卻一點意義也沒有。例如，在撲克牌中我們會想要比較兩個 hand 來看看誰贏了。在橋牌中，我們會計算 hand 的分數以進行叫牌。

因此，我們需要一種方式來將相關的**具體型別**（*concrete type*）群組起來。要完成此事，Julia 的作法是定義一個作為 Deck 和 Hand 的父代的**抽象型別**（*abstract type*）。這種作法稱為**子型別化**（*subtyping*）。

在此我們稱這個抽象型別為 CardSet：

```
abstract type CardSet end
```

我們可以用 abstract type 關鍵字來建立一個新的抽象型別。我們也可以在它的名稱後加上 <: 以及一個已存在的抽象型別名稱來指明一個可選的“父代（parent）”型別。

當沒有給定**超型別**（*supertype*）時，預設的超型別是 Any——任何物件都是它的實例，任何型別都是它的子型別。

現在我們可以將 Deck 表達為 CardSet 的後代：

```
struct Deck <: CardSet
    cards :: Array{Card, 1}
end

function Deck()
    deck = Deck(Card[])
    for suit in 1:4
        for rank in 1:13
            push!(deck.cards, Card(suit, rank))
        end
    end
    deck
end
```

isa 運算子會檢查一物件是否為某一型別：

```
julia> deck = Deck();

julia> deck isa CardSet
true
```

hand 也是一種 CardSet：

```
struct Hand <: CardSet
    cards :: Array{Card, 1}
    label :: String
end

function Hand(label::String="")
    Hand(Card[], label)
end
```

Hand 的建構子將 cards 初始化為空陣列，而不是將 hand 建立成 52 張新的 Card。我們還可以傳給建構子一個可選的參數來給 Hand 一個標籤：

```
julia> hand = Hand("new hand")
Hand(Card[], "new hand")
```

抽象型別與函數

現在我們可以用具有一個 CardSet 引數的函數來表達 Deck 和 Hand 間的共通運算：

```
function Base.show(io::IO, cs::CardSet)
    for card in cs.cards
        print(io, card, " ")
    end
end

function Base.pop!(cs::CardSet)
    pop!(cs.cards)
end

function Base.push!(cs::CardSet, card::Card)
    push!(cs.cards, card)
    nothing
end
```

我們可以用 pop! 和 push! 來發牌：

```
julia> deck = Deck()
A♣ 2♣ 3♣ 4♣ 5♣ 6♣ 7♣ 8♣ 9♣ 10♣ J♣ Q♣ K♣ A♦ 2♦ 3♦ 4♦ 5♦ 6♦ 7♦ 8♦ 9♦ 10♦ J♦ Q♦
K♦ A♥ 2♥ 3♥ 4♥ 5♥ 6♥ 7♥ 8♥ 9♥ 10♥ J♥ Q♥ K♥ A♠ 2♠ 3♠ 4♠ 5♠ 6♠ 7♠ 8♠ 9♠ 10♠ J♠ Q♠
K♠
julia> shuffle!(deck)
4♠ Q♦ A♣ 9♦ Q♠ 6♣ 10♣ Q♥ A♦ 8♥ 9♥ Q♣ 4♦ 5♥ 9♠ 10♥ A♠ 7♣ 2♠ 5♠ 2♦ K♣ J♠ 10♠ 7♦
2♥ 3♦ 7♠ 8♦ A♥ K♥ 7♥ J♥ 6♦ J♦ 6♥ K♦ 8♠ 5♦ 4♥ 8♣ J♣ 9♣ 3♠ 2♣ K♠ 3♥ 5♣ 6♠ 10♦ 4♣
3♣
julia> card = pop!(deck)
3♣
julia> push!(hand, card)
```

自然的，下一步就是將這段程式碼封裝為稱為 move! 的函數：

```
function move!(cs1::CardSet, cs2::CardSet, n::Int)
    @assert 1 ≤ n ≤ length(cs1.cards)
    for i in 1:n
        card = pop!(cs1)
        push!(cs2, card)
    end
    nothing
end
```

move! 接受三個引數，其中兩個是 CardSet 物件，另一個是要發的牌數。它會對這兩個 CardSet 作出更動，並傳回 nothing。

在某些遊戲中，card 會從一手牌（即牌型）移至另一手牌，或從一手牌移回牌疊。您可以使用 move! 來進行這些運算：cs1 和 cs2 可以是一個 Deck 或 Hand。

型別圖

目前我們已看過顯示程式狀態的堆疊圖和顯示物件屬性及它的值的物件圖。這些圖都代表程式執行過程的一個快照，所以會隨著程式執行而變化。

它們也顯示了很多細節——對某些時候來說又顯示太多細節了。**型別圖**（*type diagram*）用更抽象的方式來表達程式的結構。它不顯示個別物件，而是顯示型別和型別間的關係。

型別間有幾種關係存在：

- 具體型別的物件可以包含到另一型別物件的參照。例如，每一個 Rectangle 都包含一個到 Point 的參照，每個 Deck 也都包含一個到由 Card 所構成的陣列的參照。這樣的關係稱為 *has-a*，例如 "a Rectangle has a Point"。
- 具體型別可以有一個抽象型別作為它的超型別。這樣的關係稱為 *is-a*，例如 "a Hand is a kind of a CardSet"。
- 一種型別可能會與另一種型別相依，也就是一種型別的物件接受第二種型別的物件作為參數，或使用第二種型別的物件進行計算。這樣的關係稱為**相依性**（*dependency*）。

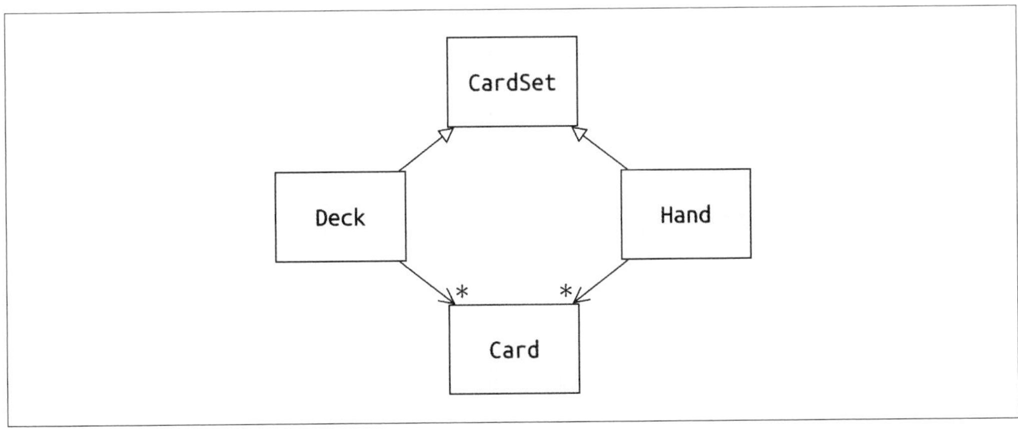

圖 18-1　型別圖

上圖中，空心三角箭頭代表 *is-a* 關係，在這個例子中表示 CardSet 是 Hand 的超型別。

標準箭頭代表 *has-a* 關係，在這個例子中表示 Deck 會參照到 Card 物件。

在箭頭旁的星號（*）代表**多重性**（*multiplicity*），這裏用來代表一個 Deck 有多少個 Card。多重性可以是一個簡單的數字，如 52；或一個範圍，如 5:7；或一個星號，代表一個 Deck 可以有任意數量的 Card。

本圖中並沒有相依性。如果有的話，通常會以虛線箭頭來表示。如果相依性過多的話，有時會省略它們。

更詳細的型別圖中可能會顯示 Deck 其實是 Card 所構成的陣列，不過像陣列和字典這類的內建別通常不會被包含在型別圖中。

除錯

子型別會讓除錯變得更困難，因為當您用物件作為引數去呼叫函數時，很難清楚的知道會呼叫到哪個方法。

假設您正在寫一個使用 Hand 物件的函數。您會希望它可以處理所有種類的 Hand，例如 PokerHand、BridgeHand 等等。如果您呼叫像 sort! 這樣的方法，您可能會用到抽象型別 Hand 所定義的版本。不過如果有個 sort! 可以用在某個子型別的引數時，就會用到那個版本。這種作法通常是好事，不過可能會產生混淆：

```
function Base.sort!(hand::Hand)
    sort!(hand.cards)
end
```

只要您不確定程式的執行流程時，最簡單的解決作法就是在相關的方法最前面加入列印敘述。如果 shuffle! 印出像 Running shuffle! Deck 這樣的訊息時，那麼它就可以用來追蹤執行的流程。

另一個更好的作法是使用 @which 巨集：

```
julia> @which sort!(hand)
sort!(hand::Hand) in Main at REPL[5]:1
```

這告訴您 hand 的 sort! 方法是那個有一個 Hand 型別的物件作為引數的版本。

以下是設計時的建議：當您覆寫一個方法時，新方法的介面應該要和舊方法一樣。它們應該具有同樣的參數、傳回同樣型別的值、並遵從相同的前置條件和後置條件。如果您遵從這個規則，您會發現任何適用於超型別（例如 CardSet）實例的函數也適用於它的子型別（例如 Deck 和 Hand）。

如果您違背了這個稱為“Liskov 替換原則（Liskov substitution principle）”的規則，您的程式碼會像“紙牌屋”一樣倒塌（抱歉這麼形容）。

supertype 函數可用來找出某一型別的直屬超型別：

```
julia> supertype(Deck)
CardSet
```

資料封裝

前幾章展示了一種可稱為“型別導向設計（type-oriented design）”的開發計畫。我們先指明我們需要的物件——例如 Point、Rectangle、和 MyTime——並定義用來表達它們的結構。在所有案例中的物件都和真實世界（或者至少在數學世界）中的某種實體有明顯的關聯。

不過有些時候您所需要的物件和它們之間應該如何互動卻沒有那麼明顯可以看得出來。這種情形下您需要另一種開發計畫。和我們藉由封裝和通用化來發掘函數介面一樣，我們可以藉由**資料封裝**（*data encapsulation*）來發掘型別介面。

第 176 頁的“馬可夫分析”小節中所提到的馬可夫分析就是一個好例子。如果您看看第 177 頁的“習題 13-8”的解答（*http://bit.ly/2OM9myx*）的話，會看到它用了兩個被好幾個函數讀取和寫入的全域變數——suffixes 和 prefix：

```
suffixes = Dict()
prefix = []
```

由於這些變數都是全域變數，我們一次只能進行一種分析。如果我們讀入兩份文本，它們的字首和字尾都會被加入到同樣的資料結構中（這樣會產生一些有趣的文本）。

要進行多重分析且能將它們分開進行，我們可以把每一種分析的狀態封裝成一個物件。就像下面這樣：

```
struct Markov
    order :: Int64
    suffixes :: Dict{Tuple{String,Vararg{String}}, Array{String, 1}}
    prefix :: Array{String, 1}
end

function Markov(order::Int64=2)
    new(order, Dict{Tuple{String,Vararg{String}}, Array{String, 1}}(),
Array{String, 1}())
end
```

接下來我們將函數轉換成方法。例如，以下是 processword 函數：

```
function processword(markov::Markov, word::String)
    if length(markov.prefix) < markov.order
        push!(markov.prefix, word)
        return
    end
    get!(markov.suffixes, (markov.prefix...,), Array{String, 1}())
    push!(markov.suffixes[(markov.prefix...,)], word)
    popfirst!(markov.prefix)
    push!(markov.prefix, word)
end
```

要像這樣──也就是在不改變作為下改變設計──來轉換程式，是重構（參見第 42 頁的“重構”小節）的另一個範例。

這個範例建議我們設計型別時的一種開發計畫：

- （必要時）由撰寫讀取和寫入全域變數的函數開始。
- 一旦程式可以正常執行，找尋全域變數和使用它們的函數間的關聯。
- 將相關變數封裝成一個結構的欄位。
- 用這個新型別的物件作為引數，將關聯起來的函數轉換為方法。

習題 18-3

從 GitHub 下載我的馬可夫程式碼（*http://bit.ly/2OM9myx*），並依上述步驟將全域變數封裝成名稱為 Markov 之新結構的屬性。

詞彙表

編碼（*encode*）

將一組值映射至另一組值。

單元測試（*unit testing*）

測試程式碼正確性的標準方式。

虛飾（*veneer*）

提供給另一個函數來建立不同介面卻沒做太多計算的方法或函數。

具體型別（*concrete type*）

可以被建構的型別。

抽象型別（*abstract type*）

可作為其他型別之父代的型別。

子型別化（*subtyping*）

定義相關型別的階層關係的能力。

超型別（*supertype*）

作為其他型別的父代的抽象型別。

子型別（*subtype*）

其父代為抽象型別的型別。

型別圖（*type diagram*）

顯示程式中的型別以及型別間關係的圖。

has-a 關係（*has-a relationship*）

兩種型別間的一種關係，其中一種型別的實例參照到另一型別的實例。

is-a 關係（*is-a relationship*）

超型別和它的子型別間的關係。

相依性（*dependency*）

兩種型別間的關係，其中一種型別的實例使用了另一種型別的實例，但沒有將它們儲存為欄位。

多重性（*multiplicity*）

用在型別圖的一種符號表達，用以顯示 has-a 關係中參照了多少個另一個類別的實例。

資料封裝（*data encapsulation*）

一種程式開發計畫，使用全域變數作為原型，最終將這些全域變數變成實例中的欄位。

習題

習題 18-4

請畫出下列程式的型別圖來顯示這些型別以及它們間的關係。

```
abstract type PingPongParent end

struct Ping <: PingPongParent
    pong :: PingPongParent
end
struct Pong <: PingPongParent
    pings :: Array{Ping, 1}
    function Pong(pings=Array{Ping, 1}())
        new(pings)
    end
end

function addping(pong::Pong, ping::Ping)
    push!(pong.pings, ping)
    nothing
end

pong = Pong()
ping = Ping(pong)
addping(pong, ping)
```

習題 18-5

寫一個名稱為 `deal!` 的方法，它接受三個參數：一個 Deck、Hand 的數量、以及每個 Hand 所包含的 Card 數量。它應該會建立適當數量的 Hand 物件，對每個 Hand 發出適當數量的 Card，並傳回由一個 Hand 所構成之陣列。

習題 18-6

以下是撲克牌中可能的牌型，是依據其價值由小到大排列，也依據其出現機率由大到小排列：

對子（*Pair*）

有兩張牌具有同樣的點數。

兩對（*Two pair*）

有兩對牌具有相同的點數。

三條（*Three of a kind*）

有三張牌具有相同的點數。

順子（*Straight*）

五張牌的點數是連續的（王牌可以是最低或最高，所以 Ace-2-3-4-5 是一個順子，10-Jack-Queen-King-Ace 也是，不過 Queen-King-Ace-2-3 不是）。

同花（*Flush*）

五張牌具有相同的花色。

葫蘆（*Full house*）

有三張牌具有同樣點數，另外兩張牌具有同樣的其他點數。

鐵支（*Four of a kind*）

有四張牌具有同樣的點數。

同花順（*Straight flush*）

五張牌是順子而且也是同花。

本習題的目標是要預估這些牌型出現的機率。

1. 加入名稱為 `haspair`、`hastwopair` 等的方法，根據牌型是否符合上述的對應條件再傳回 `true` 或 `false`。您的程式應可適用於包含任何數量牌的牌型（雖然一般常見的是五或七張牌）。

2. 寫一個名稱為 `classify` 的函數來找出某一牌型中最有價值的類別並設定其標籤。例如，七張牌的牌型可能包含一個順子和一個對子；這樣應該把標籤設定為 `flush`。

3. 當您確定您的分類沒問題時，下一步是要預估不同牌型的機率。寫一個函數來先洗牌，再將它分成牌型，再對牌型進行分類，最後計算不同的牌型出現的次數。

4. 印出各分類以及它們出現機率的表格。用愈來愈多的牌型數量來執行程式直到輸出的值收斂到一合理的正確度為止。比較一下您的結果和（*http://bit.ly/2G37nDb*）中的排行。

第十九章

滄海遺珠：語法

我寫本書時的目標之一就是要教愈少的 Julia 愈好。如果有兩種方法來完成某件事情時，我會只提到其中的一個而不去談另一個，或者有時會把它放進習題裏。

現在我想要回顧一些我們之前放掉的好東西。Julia 提供了一些不是那麼必要的特點。沒有它們還是可以寫出好程式，不過用它們有時可以寫出更精簡、可讀性高、或更有效率（有時三者皆是）的程式碼。

本章和下一章會討論一些我在前面的章節裏沒有提到的事情：

- 語法的補充
- Base 中可以直接使用的函數、型別、和巨集
- 標準程式庫中的函數、型別、和巨集

命名元組

您可以對元組的成員進行命名來建立**命名元組**（*named tuple*）：

```
julia> x = (a=1, b=1+1)
(a = 1, b = 2)
julia> x.a
1
```

在命名元組中，我們可以使用句點語法 (x.a) 來存取它的欄位。

函數

Julia 裏的函數可以用一種精簡的語法來定義：

```
julia> f(x,y) = x + y
f (generic function with 1 method)
```

匿名函數

我們在定義函數時可以不用指明名稱：

```
julia> x -> x^2 + 2x - 1
#1 (generic function with 1 method)
julia> function (x)
           x^2 + 2x - 1
       end
#3 (generic function with 1 method)
```

這些都是**匿名函數**（*anonymous function*）的範例。匿名函數經常用來作為另一個函數的引數：

```
julia> using Plots

julia> plot(x -> x^2 + 2x - 1, 0, 10, xlabel="x", ylabel="y")
```

圖 19-1 顯示這個繪圖命令的輸出。

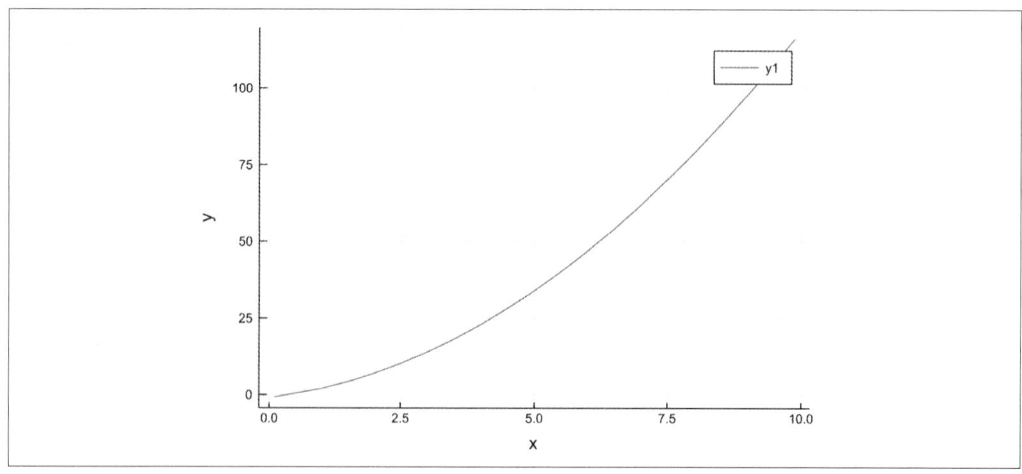

圖 19-1　繪圖

關鍵字引數

函數的引數也可以被命名：

```
julia> function myplot(x, y; style="solid", width=1, color="black")
           ###
       end
myplot (generic function with 1 method)
julia> myplot(0:10, 0:10, style="dotted", color="blue")
```

函數的**關鍵字引數**（*keyword argument*）出現在函數簽名中的分號之後，不過在呼叫時也可以使用逗號。

閉包

閉包（*closure*）是一種讓函數可以抓取定義於函數外部的變數的技巧：

```
julia> foo(x) = ()->x
foo (generic function with 1 method)
julia> bar = foo(1)
#1 (generic function with 1 method)
julia> bar()
1
```

在這個範例中，函數 foo 會傳回一個可以存取 foo 的 x 引數的匿名函數。bar 會指向那個匿名函數並傳回 foo 的引數的值。

區塊

區塊（*block*）是將一些敘述群組在一起的方法。區塊是以關鍵字 begin 開始，以關鍵字 end 結束。

第 4 章曾介紹過 @svg 巨集：

```
🐢 = Turtle()
@svg begin
    forward(🐢, 100)
    turn(🐢, -90)
    forward(🐢, 100)
end
```

在這個範例中 @svg 巨集有一個引數，還有一個包含了三個函數呼叫的區塊。

let 區塊

let 區塊（*let block*）可以方便我們建立新的連結（binding）——也就是可以參照到值的位置：

```
julia> x, y, z = -1, -1, -1;

julia> let x = 1, z
           @show x y z;
       end
x = 1
y = -1
ERROR: UndefVarError: z not defined
julia> @show x y z;
x = -1
y = -1
z = -1
```

在此例中，第一個 @show 巨集顯示了區域變數 x、全域變數 y、以及未定義的區域變數 z。第二個 @show 巨集則可以看出全域變數並沒有被動到。

do 區塊

在第 184 頁的"讀取與寫入"小節中，我展示了如何在完成寫入後關閉檔案。這件事可以使用 *do 區塊*（*do block*）來自動完成：

```
julia> data = "This here's the wattle,\nthe emblem of our land.\n"
"This here's the wattle,\nthe emblem of our land.\n"
julia> open("output.txt", "w") do fout
           write(fout, data)
       end
48
```

在這個範例中 fout 是用來進行輸出的檔案串流。

它在功能上和下面的程式是相等的：

```
julia> f = fout -> begin
           write(fout, data)
       end
#3 (generic function with 1 method)
julia> open(f, "output.txt", "w")
48
```

這裏的匿名函數是用來作為 open 函數的第一個引數：

```
function open(f::Function, args...)
    io = open(args...)
    try
        f(io)
    finally
        close(io)
    end
end
```

do 區塊可以“抓到”包含它的範疇（scope）內的變數。例如，open ... do 範例中的 data 變數是從那個區塊的外部範疇中抓到的。

控制流程

前幾章中我們用 if-elseif 敘述來進行選擇。三元運算子以及短路賦值可以更簡潔的完成同樣的事。任務則是可以直接更動程式流程的進階控制結構。

三元運算子

三元運算子（*ternary operator*）?: 是當您想要用 if-elseif 敘述根據單一運算式來進行選擇時的另一種作法：

```
julia> a = 150
150
julia> a % 2 == 0 ? println("even") : println("odd")
even
```

在 ? 前的運算式是條件運算式。如果條件為真，會對 : 前的運算式進行賦值；否則會對 : 後的運算式進行賦值。

短路賦值

運算子 && 和 || 會進行**短路賦值**（*short-circuit evaluation*）：後面的引數只有在對決定最終值是必要時才會進行賦值。

例如，遞迴式階乘函數可能定義如下：

```
function fact(n::Integer)
    n >= 0 || error("n must be non-negative")
    n == 0 && return 1
    n * fact(n-1)
end
```

任務（也稱為共常式）

任務（*task*）是一種控制結構，它可以不需要讓函數結束就轉移控制權。在 Julia 中，任務可以用第一個引數是 Channel 物件的函數來實作。Channel 是用來將值從函數傳回它的呼叫者。

我們可以用任務來產生費伯那西數列：

```
function fib(c::Channel)
    a = 0
    b = 1
    put!(c, a)
    while true
        put!(c, b)
        (a, b) = (b, a+b)
    end
end
```

put! 會把值儲存於 Channel 物件中，take! 則會讀取它的值：

```
julia> fib_gen = Channel(fib);

julia> take!(fib_gen)
0
julia> take!(fib_gen)
1
julia> take!(fib_gen)
1
julia> take!(fib_gen)
2
julia> take!(fib_gen)
3
```

Channel 建構子會建立這個任務。fib 函數在每次呼叫 put! 後會暫停，並在呼叫 take! 時回復執行。為了提升效能，在回復／暫停循環中 Channel 物件會同時存放著好幾個值。

Channel 物件可以用作迭代子：

```
julia> for val in Channel(fib)
           print(val, " ")
           val > 20 && break
       end
0 1 1 2 3 5 8 13 21
```

型別

結構是目前為止我們唯一定義過的使用者定義型別。Julia 還提供了一些延伸作法（基本型別、參數型別、和型別聯集）以讓設計師有更多的彈性。

基本型別

包含一般資料的具體型別稱為**基本型別**（*primitive type*）。和其他語言不一樣，Julia 允許您自訂基本型別。標準的基本型別也是用同樣的方式定義的：

```
primitive type Float64 <: AbstractFloat 64 end
primitive type Bool <: Integer 8 end
primitive type Char <: AbstractChar 32 end
primitive type Int64 <: Signed 64 end
```

上面敘述中的數字是用來指明需要多少位元來表達這個型別。

下面的例子會建立一個名稱為 Byte 的基本型別以及它的建構子：

```
julia> primitive type Byte 8 end

julia> Byte(val::UInt8) = reinterpret(Byte, val)
Byte
julia> b = Byte(0x01)
Byte(0x01)
```

reinterpret 函數是用來將一個 8 位元無正負號整數（UInt8）的所有位元儲存到 Byte 中。

參數化型別

Julia 的型別系統是**參數化的**（*parametric*），代表型別可以擁有參數。

型別的參數出現在型別名稱之後，由大括號所包圍：

```
struct Point{T<:Real}
    x::T
    y::T
end
```

這樣會定義一種新的參數化型別 Point{T<:Real}，它具有兩個型別為 T 的 “坐標”。T 可以是任何型別，只要它的超型別是 Real：

```
julia> Point(0.0, 0.0)
Point{Float64}(0.0, 0.0)
```

除了複合型別外，抽象型別和基本型別也可以有參數。

為了效能考量，我絕對建議結構的欄位要使用具體型別。所以上面的方法是讓 Point 又快又有彈性的好方法。

型別聯集

型別聯集（*type union*）是一種參數化抽象型別，它可以是它的引數裏的任何一種型別：

```
julia> IntOrString = Union{Int64, String}
Union{Int64, String}
julia> 150 :: IntOrString
150
julia> "Julia" :: IntOrString
"Julia"
```

在多數的電腦語言中，型別聯集是用來進行型別推導的內部結構。不過 Julia 把這個特點曝露給使用者，因為當型別數量不多時使用型別聯集可以產生有效率的程式碼。這個特點讓 Julia 的程式設計師在控制分派時有很大的彈性。

方法

方法也可以是參數化的，它的物件的表現和函數一樣。

參數化方法

方法在定義時也可以在它們的簽名中使用型別參數：

```
julia> isintpoint(p::Point{T}) where {T} = (T === Int64)
isintpoint (generic function with 1 method)
julia> p = Point(1, 2)
Point{Int64}(1, 2)
julia> isintpoint(p)
true
```

類函數物件

我們可以將任何 Julia 物件變為“可呼叫的”。這種可呼叫的物件有時被稱為函子（*functor*）。例如：

```
struct Polynomial{R}
    coeff::Vector{R}
end

function (p::Polynomial)(x)
    val = p.coeff[end]
    for coeff in p.coeff[end-1:-1:1]
        val = val * x + coeff
    end
    val
end
```

要賦值這個多項式，我們只要呼叫它就好：

```
julia> p = Polynomial([1,10,100])
Polynomial{Int64}([1, 10, 100])
julia> p(3)
931
```

建構子

我們可以外顯式或內隱式的建立參數化型別：

```
julia> Point(1,2)         # 內隱式的 T
Point{Int64}(1, 2)
julia> Point{Int64}(1, 2) # 外顯式的 T
Point{Int64}(1, 2)
julia> Point(1,2.5)       # 內隱式的 T
ERROR: MethodError: no method matching Point(::Int64, ::Float64)
```

對每個 T 都會產生預設的內部和外部建構子：

```
struct Point{T<:Real}
    x::T
    y::T
    Point{T}(x,y) where {T<:Real} = new(x,y)
end

Point(x::T, y::T) where {T<:Real} = Point{T}(x,y);
```

x 和 y 必須是同樣的型別。

當 x 和 y 的型別不同時，可以定義以下的外部建構子：

```
Point(x::Real, y::Real) = Point(promote(x,y)...);
```

promote 函數的細節會在第 253 頁的“提升”小節中介紹。

轉換與提升

Julia 可以將引數的型別提升為一般型別。雖然這無法自動完成，不過很容易進行擴充。

轉換

值可以由一個型別**轉換**（*convert*）為另一型別：

```
julia> x = 12
12
julia> typeof(x)
Int64
julia> convert(UInt8, x)
0x0c
julia> typeof(ans)
UInt8
```

我們也可以加入自己的轉換方法：

```
julia> Base.convert(::Type{Point{T}}, x::Array{T, 1}) where {T<:Real} =
Point(x...)

julia> convert(Point{Int64}, [1, 2])
Point{Int64}(1, 2)
```

提升

提升（*promotion*）是將不同型別的值轉換為單一常用型別：

```
julia> promote(1, 2.5, 3)
(1.0, 2.5, 3.0)
```

我們一般不會直接定義 `promote` 函數中的方法，不過可以使用輔助函數 `promote_rule` 來指明提升的規則：

```
promote_rule(::Type{Float64}, ::Type{Int32}) = Float64
```

元程式設計

Julia 的程式碼可以表達成它本身的一種資料結構。這樣可以允許程式轉換和產生自己的程式碼。

運算式

每一個 Julia 程式都可以從一個字串開始：

```
julia> prog = "1 + 2"
"1 + 2"
```

下一步是將每一字串剖析成稱為**運算式**（*expression*）的物件，以 Julia 中的 `Expr` 型別表達：

```
julia> ex = Meta.parse(prog)
:(1 + 2)
julia> typeof(ex)
Expr
julia> dump(ex)
Expr
  head: Symbol call
  args: Array{Any}((3,))
    1: Symbol +
    2: Int64 1
    3: Int64 2
```

`dump` 函數會顯示運算式物件以及一些註解。

您可以在括號內用：字首來直接建構運算式，或者使用 quote 區塊：

```
julia> ex = quote
           1 + 2
       end;
```

eval

Julia 可以使用 eval 對運算式物件進行賦值：

```
julia> eval(ex)
3
```

每個模組都有自己的 eval 函數以對它範疇內的運算式進行賦值。

當您用了一大堆的 eval 時，常常代表有些地方出錯了。eval 其實是“邪惡的（evil）”。

巨集

巨集可以包含程式所產生的程式碼。**巨集**（*macro*）會把由 Expr 物件所構成的元組映射到編譯過的運算式。

以下是一個簡單巨集：

```
macro containervariable(container, element)
    return esc(:($(Symbol(container,element)) = $container[$element]))
end
```

呼叫巨集時，要在它們的名稱前加上字首符號（@）。巨集呼叫 @containervariable letters 1 會被替換成：

```
:(letters1 = letters[1])
```

@macroexpand @containervariable letters 1 會傳回這個運算式，這對除錯極為有用。

這個範例展示了巨集如何存取它的引數的名稱，這是函數無法做到的。我們必須以 esc 來“跳離（escape）”return 運算式，因為它必須在巨集的呼叫環境中進行解讀。

為何要用巨集？

巨集會在剖析程式時產生和引入客製化的程式碼片段，因此會在程式執行前就完成。

生成函數

@generated 巨集會根據方法中的引數型別來建立特製的程式碼：

```
@generated function square(x)
    println(x)
    :(x * x)
end
```

這個函數的本體會像巨集一樣傳回一個被引號包圍的運算式。

對呼叫者來說，**生成函數**（*generated function*）的表現就和一般的函數一樣：

```
julia> x = square(2); # 注意：輸出來自於本體內的 println() 敘述
Int64
julia> x              # 現在印出 x
4
julia> y = square("spam");
String
julia> y
"spamspam"
```

漏失值

漏失值（*missing value*）可以用 missing 物件來表達，它是 Missing 型別的獨存放變數的實例。

陣列可以包含漏失值：

```
julia> a = [1, missing]
2-element Array{Union{Missing, Int64},1}:
 1
  missing
```

這個陣列的元素型別是 Union{Missing, T}，其中 T 是那個非漏失值的型別。

對包含漏失值的陣列使用縮減函數時會傳回 missing：

```
julia> sum(a)
missing
```

遇見這種情形時，可以用 skipmissing 函數來跳過漏失值：

```
julia> sum(skipmissing([1, missing]))
1
```

呼叫 C 和 Fortran 程式碼

有很多程式碼是以 C 或 Fortran 語言寫的。重新利用已經測試完成的程式常會比自己寫更好。Julia 可以用 ccall 語法直接呼叫 C 或 Fortran 的程式庫。

在第 188 頁的“資料庫”小節中我介紹了一個使用 GDBM 資料庫函數程式庫的 Julia 介面，這個程式庫是用 C 寫的。要關閉資料庫時必須呼叫 close(db) 函數：

```
Base.close(dbm::DBM) = gdbm_close(dbm.handle)

function gdbm_close(handle::Ptr{Cvoid})
    ccall((:gdbm_close, "libgdbm"), Cvoid, (Ptr{Cvoid},), handle)
end
```

dbm 物件有一個型別為 Ptr{Cvoid} 的欄位 handle。這個欄位放著一個參照到資料庫的 C 指標。要關閉資料庫時必須呼叫 C 函數 gdbm_close，它的引數只有那個指向資料庫的 C 指標，而且沒有傳回值。Julia 直接呼叫 ccall 函數來做這件事，它的引數是：

- 一個元組，包含存放著我們所要呼叫的函數 :gdbm_close 名稱的符號，以及用字串 "libgdm" 指明的共享程式庫。
- 傳回值型別 Cvoid。
- 包含著引數型別的元組 (Ptr{Cvoid},)。
- 引數值 handle。

完整的 GDBM 程式庫對應用法可以在 ThinkJulia 的程式源碼中看到。

詞彙表

命名元組（*named tuple*）

元素具有名稱的元組。

匿名函數（*anonymous function*）

沒有給予名稱的函數。

關鍵字引數（*keyword arguments*）

以名稱而不只是位置來識別的引數。

閉包（*closure*）

從它被定義的範疇中抓取變數的函數。

區塊（*block*）

一種用來群組敘述的方式。

`let` 區塊（`let` *block*）

用來配置新的變數連結的區塊。

`do` 區塊（`do` *block*）

一種語法結構，用來定義和呼叫看起來像是一般程式碼區塊的匿名函數。

三元運算子（*ternary operator*）

一種控制流程運算子，接受三個運算元，分別指明條件、條件成立時要執行的運算式、以及條件不成立時要執行的運算式。

短路賦值（*short-circuit evaluation*）

布林運算子的賦值方式，只有在第一個引數無法決定運算式的值時才需要執行或賦值第二個引數。

任務（或稱為共常式）（*task*（*aka coroutine*））

允許計算可以被暫停和回復執行的一種彈性的控制流程特點。

基本型別（*primitive type*）

所包含的資料是一般性資料的具體型別。

參數化型別（*parametric type*）

可加上參數的型別。

型別聯集（*type union*）

一種型別，它的物件包含了它所有參數型別的實例。

函子（*functor*）

一種具有相關方法的物件，以使它可以被呼叫。

轉換（*conversion*）

將值由一種型別改變成另一種型別。

提升（*promotion*）

將不同型別的值轉換為單一共通型別。

運算式（*expression*）

一種 Julia 型別，用來保存一個語言結構。

巨集（*macro*）

一種用來將生成的程式碼加入程式本體的方式。

生成函數（*generated functions*）

可依據引數的型別來產生特定程式碼的函數。

漏失值（*missing values*）

一種實例，用來代表沒有值的資料點。

第二十章

滄海遺珠：基底與標準程式庫

Julia 已內含電池立即可用。Base 模組包含了最常用的函數、型別、與巨集。它們在 Julia 中都可以直接使用。

Julia 在它的標準程式庫中也提供大量的專門模組，用以處理日期、分散式計算、線性代數、側寫（profiling）、亂數、以及其他許多功能。標準程式庫中的函數、型別、和巨集要先匯入才能使用：

- `import` *Module* 會匯入模組，而 *Module*.*fn*(x) 則會呼叫 *fn* 函數。
- `using` *Module* 會匯入所有匯出的 *Module* 函數、型別、和巨集。

額外的功能可以從日漸增長的套件集（*https://juliaobserver.com*）裏加進來。

本章並不想取代 Julia 的官方文件說明（*https://docs.julialang.org*）。這裏的目標只是想要示範一些可能做到的事，而不是全部。之前介紹過的函數就不會再介紹了。

效能度量

我們已經知道有些演算法的效能比其他的好。第 146 頁的“備忘”小節中的 `fibonacci` 實作方式會比第 74 頁的“再一個範例”小節中的 `fib` 實作方式更好一點。`@time` 巨集讓我們可以量化它們間的差距：

```
julia> fib(1)
1
julia> fibonacci(1)
1
julia> @time fib(40)
  0.567546 seconds (5 allocations: 176 bytes)
102334155
julia> @time fibonacci(40)
  0.000012 seconds (8 allocations: 1.547 KiB)
102334155
```

`@time` 會印出函數執行時所花費的時間、記憶體配置的次數、以及傳回結果前所配置的記憶體大小。使用備忘的那個版本快多了，不過它也需要更多的記憶體。

天下沒有免費的午餐！

Julia 的函數在第一次執行時會進行編譯。因此要比較兩個演算法時，它們必須被實作為函數，而且要排除掉它們的第一次執行，因為那會把編譯時間也算進去。

套件 BenchmarkTools（*http://bit.ly/2K8hTwQ*）提供了 `@btime` 巨集來進行準確的基準評量。用它吧！

聚集與資料結構

在第 174 頁的"**字典減法**"小節中我們用字典來找出有出現在文件中，但沒有出現在一個單字陣列中的單字。我們所寫的函數會接受一個以文件中的單字作為鍵值的字典 `d1`，以及包含單字陣列的字典 `d2` 為引數。它傳回在 `d1` 卻不在 `d2` 的鍵：

```
function subtract(d1, d2)
    res = Dict()
    for key in keys(d1)
        if key ∉ keys(d2)
            res[key] = nothing
        end
    end
    res
end
```

在這些字典中，所有的值都是 nothing，因為我們不會用到它們。結果造成一些儲存空間的浪費。

Julia 提供了另一種內建型別，稱為**集合**（*set*），它就像是沒有值的字典裏的鍵的聚集。要把元素加入集合很快，要檢查成員關係也是。而且集合也提供了函數和運算子來進行一般的集合運算。

例如，我們可以用 setdiff 函數來進行集合減法。因此我們可以改寫 subtract 為：

```
function subtract(d1, d2)
    setdiff(d1, d2)
end
```

傳回的結果是一個集合而不是字典。

本書中的部份習題可以用集合來寫成更精簡且更有效率的版本。例如，以下是第 137 頁的“習題 10-7”的字典版本的一種解答：

```
function hasduplicates(t)
    d = Dict()
    for x in t
        if x ∈ d
            return true
        end
        d[x] = nothing
    end
    false
end
```

當某一元素第一次出現時，它會被加到字典中。如果它再次出現，函數會傳回 true。

我們可以使用集合以下列方式改寫同一個函數：

```
function hasduplicates(t)
    length(Set(t)) < length(t)
end
```

集合中一個元素只能出現一次，所以如果 t 裏面有元素出現超過一次，t 就會比集合還大。如果沒有重複的元素，集合的大小會和 t 一樣。

我們也可以用集合來完成第 9 章中的某些習題。例如，以下是迴圈版的 usesonly 函數：

```
function usesonly(word, available)
    for letter in word
        if letter ∉ available
            return false
        end
    end
    true
end
```

usesonly 會檢查 word 裏的所有字母是否都在 available 中。我們可以改寫成這樣：

```
function usesonly(word, available)
    Set(word) ⊆ Set(available)
end
```

⊆（**\subseteq TAB**）運算子會檢查一個集合是否為另一個集合的子集合或者兩者是相等的。當 word 裏的所有字母都出現在 available 中時會傳回 true。

習題 20-1

使用集合來改寫 avoids 函數。

數學

Julia 也支援複數（complex number）。全域變數 im 代表複數 i，也就是 –1 的平方根。

現在我們可以驗證歐拉恆等式（Euler's identity）了：

```
julia> ℯ^(im*π)+1
0.0 + 1.2246467991473532e-16im
```

符號 ***e***（**\euler TAB**）是自然對數的基底。

讓我們看看三角函數的複數版本：

$$\cos(x) = \frac{e^{ix} + e^{-ix}}{2}$$

我們可以用不同的 *x* 值來測試這個公式：

```
julia> x = 0:0.1:2π
0.0:0.1:6.2
julia> cos.(x) == 0.5*(ℯ.^(im*x)+ℯ.^(-im*x))
true
```

此處展示了另一個句點運算子的範例。Julia 也允許數字和作為係數的符號連起來並用，例如 2π。

字串

在第 8 章和第 9 章中，我們對字串物件進行了基本搜尋。Julia 也可以處理相容於 Perl 的正規表示式（*regex*），使得在字串物件中搜尋複雜的樣式變得更容易。

usesonly 函數可以實作為一正規表示式：

```
function usesonly(word, available)
  r = Regex("[^$(available)]")
  !occursin(r, word)
end
```

這個正規表示式會找尋不在 available 字串的字元，occursin 則會在 word 中找到這個樣式時傳回 true：

```
julia> usesonly("banana", "abn")
true
julia> usesonly("bananas", "abn")
false
```

正規表示式也可以使用以 r 開頭的非標準字串來建立：

```
julia> match(r"[^abn]", "banana")

julia> m = match(r"[^abn]", "bananas")
RegexMatch("s")
```

在這個案例中不允許字串內插。match 函數沒找到那個樣式（一個命令）時會傳回 nothing，否則傳回一個 RegexMatch 物件。

我們可以從 RegexMatch 物件中取出下列資訊：

- 比對成功的完整子字串（m.match）。
- 以抓取的子字串建構之字串陣列（m.captures）。
- 比對成功的開始位置偏移量（m.offset）。
- 抓取的子字串所構成的陣列的偏移量（m.offsets）。

例如：

```
julia> m.match
"s"
julia> m.offset
7
```

正規表示式的功能十分強大，perlre 的首頁（*http://bit.ly/2VijnFY*）提供了任何您想要建立的搜尋（不論是多麼異想天開）所需要知道的細節。

陣列

第 10 章中我們介紹過陣列是一個具有索引來定位元素的一維容器。然而在 Julia 中陣列是多維度的聚集，或稱為**矩陣**（*matrix*）。

我們來建立一個 2 乘 3 的零矩陣：

```
julia> z = zeros(Float64, 2, 3)
2×3 Array{Float64,2}:
 0.0  0.0  0.0
 0.0  0.0  0.0
julia> typeof(z)
Array{Float64,2}
```

這個陣列的型別是存放浮點數的陣列，而且它的維度是二。

size 函數會傳回一個元組，它的元素是每個維度的元素數量：

```
julia> size(z)
(2, 3)
```

ones 函數會建立由單位元素（unit element，或稱恆等元素（identity element））所構成的矩陣：

```
julia> s = ones(String, 1, 3)
1×3 Array{String,2}:
 ""  ""  ""
```

字串的單位元素為空字串。

s 不是一維陣列：

```
julia> s ==  ["", "", ""]
false
```

s 是一個列矩陣，而 ["", "", ""] 是一個行矩陣。

您可以使用空白字元來分隔同一列的元素，並用分號來分隔不同的列這樣的方式來直接輸入矩陣：

```
julia> a = [1 2 3; 4 5 6]
2×3 Array{Int64,2}:
 1  2  3
 4  5  6
```

您可以用方括號來指定個別的元素：

```
julia> z[1,2] = 1
1
julia> z[2,3] = 1
1
julia> z
2×3 Array{Float64,2}:
 0.0  1.0  0.0
 0.0  0.0  1.0
```

切片可以用在每一個維度上來選擇一部份的元素：

```
julia> u = z[:,2:end]
2×2 Array{Float64,2}:
 1.0  0.0
 0.0  1.0
```

. 運算子則會延伸至所有的維度：

```
julia> ℯ.^(im*u)
2×2 Array{Complex{Float64},2}:
 0.540302+0.841471im       1.0+0.0im
      1.0+0.0im       0.540302+0.841471im
```

介面

Julia 使用了一些非正式的介面來定義行為——也就是具有特定目標的方法。當您把這類方法延伸至某一型別時，這種型別的物件便會有這種行為。

如果看來像是鴨子、游起來像鴨子、叫起來也像鴨子，那它大概就是鴨子。

使用一個聚集的值來進行迴圈（迭代）就是一個介面。在第 74 頁的“再一個範例”小節中們實作了一個 fib 函數來傳回費伯那西數列的第 *n* 個元素。我們現在建立一個迭代子來輕鬆的傳回費伯那西數列：

```
struct Fibonacci{T<:Real} end
Fibonacci(d::DataType) = d<:Real ? Fibonacci{d}() : error("No Real type!")

Base.iterate(::Fibonacci{T}) where {T<:Real} = (zero(T), (one(T), one(T)))
Base.iterate(::Fibonacci{T}, state::Tuple{T, T}) where {T<:Real} = (state[1],
(state[2], state[1] + state[2]))
```

這裏我們實作了一個沒有欄位的參數型別（Fibonacci）、一個外部建構子、以及兩個 iterate 方法。第一個是用來初始化迭代子並傳回一元組，這個元組包含數列的第一個值 0 和一個狀態。此處的狀態是指一個元組，它的元素是數列的第二和第三個值，1 和 1。

第二個 iterate 方法是用來取得費伯那西數列的下一個值。它會傳回一個元組，這個元組的第一個元素是下一個值，第二個元素是一個元組，包含接下來的兩個值。

現在我們可以在 for 迴圈中使用 Fibonacci 了：

```
julia> for e in Fibonacci(Int64)
           e > 100 && break
           print(e, " ")
       end
0 1 1 2 3 5 8 13 21 34 55 89
```

就像變魔術一樣！不過解釋起來倒還容易。Julia 中的 for 迴圈：

```
for i in iter
    # body
end
```

被轉譯為：

```
next = iterate(iter)
while next !== nothing
    (i, state) = next
    # 本體
    next = iterate(iter, state)
end
```

這是一個很好的例子，說明了一個良好定義的介面如何讓實作方式可以使用這個介面所能知道的函數。

交談式工具

我們已經在第 236 頁的“除錯”小節中看過 `InteractiveUtils` 模組。不過 `@which` 巨集只顯露出冰山的一角。

LLVM 程式庫可以用幾個步驟把 Julia 程式碼轉換成機器碼（*machine code*），也就是電腦的 CPU 可以直接執行的程式碼。我們可以直接看到每一步驟的輸出結果。

先看一個簡單的例子：

```
function squaresum(a::Float64, b::Float64)
    a^2 + b^2
end
```

第一步為看看“低階”程式碼：

```
julia> using InteractiveUtils

julia> @code_lowered squaresum(3.0, 4.0)
CodeInfo(
1 ─ %1 = (Core.apply_type)(Base.Val, 2)
│   %2 = (%1)()
│   %3 = (Base.literal_pow)(:^, a, %2)
│   %4 = (Core.apply_type)(Base.Val, 2)
│   %5 = (%4)()
│   %6 = (Base.literal_pow)(:^, b, %5)
│   %7 = %3 + %6
└──      return %7
)
```

@code_lowered 巨集會傳回由程式碼的**中介表示法**（*intermediate representation*）所構成的陣列，它們會被編譯器用來產生最佳化程式碼。

下一步中加入型別資訊：

```
julia> @code_typed squaresum(3.0, 4.0)
CodeInfo(
1 ─ %1 = (Base.mul_float)(a, a)::Float64
│   %2 = (Base.mul_float)(b, b)::Float64
│   %3 = (Base.add_float)(%1, %2)::Float64
└──      return %3
) => Float64
```

您可以看到中介結果和傳回值的型別都被正確的推衍出來。

程式碼的這種表示法會再被轉換為 LLVM 程式碼：

```
julia> @code_llvm squaresum(3.0, 4.0)
;  @ none:2 within `squaresum'
define double @julia_squaresum_14823(double, double) {
top:
; ┌ @ intfuncs.jl:243 within `literal_pow'
; │┌ @ float.jl:399 within `*'
    %2 = fmul double %0, %0
    %3 = fmul double %1, %1
; └└
; ┌ @ float.jl:395 within `+'
   %4 = fadd double %2, %3
; └
  ret double %4
}
```

最後產生機器碼：

```
julia> @code_native squaresum(3.0, 4.0)
        .section        __TEXT,__text,regular,pure_instructions
; ┌ @ none:2 within `squaresum'
; │┌ @ intfuncs.jl:243 within `literal_pow'
; ││┌ @ none:2 within `*'
          vmulsd  %xmm0, %xmm0, %xmm0
          vmulsd  %xmm1, %xmm1, %xmm1
; │└└
; │┌ @ float.jl:395 within `+'
        vaddsd  %xmm1, %xmm0, %xmm0
```

```
;  │ └
            retl
            nopl    (%eax)
;  └
```

除錯

Logging 巨集提供了我們使用列印敘述來進行過渡的另一種選擇：

```
julia> @warn "Abandon printf debugging, all ye who enter here!"
┌ Warning: Abandon printf debugging, all ye who enter here!
└ @ Main REPL[1]:1
```

這些除錯敘述不需從原始碼中移除。例如相對於上面的 **@warn**，以下的敘述預設不會產生輸出：

```
julia> @debug "The sum of some values $(sum(rand(100)))"
```

在這個例子中，sum(rand(100)) 絕不會被賦值，除非開啟**除錯記錄**（*debug logging*）功能來把除錯訊息儲存在記錄檔中。

記錄的層級可以用一個環境變數 JULIA_DEBUG 來選擇：

```
$ JULIA_DEBUG=all julia -e '@debug "The sum of some values $(sum(rand(100)))"'
┌ Debug: The sum of some values 47.116520814555024
└ @ Main none:1
```

這裏我們使用 all 來取得所有的除錯資訊，不過您也可以選擇只針對某一特定檔案或模組來產生輸出。

詞彙表

集合（*set*）

　由不同物件所構成的聚集。

regex

　一個正規表示法，或定義搜尋樣式的字元序列。

矩陣（*matrix*）

二維陣列。

機器碼（*machine code*）

可由電腦的中央處理器直接執行的指令。

中介表示法（*intermediate representation*）

一種編譯器用來表達原始程式碼的內部資料結構。

除錯記錄（*debug logging*）

將除錯訊息存在記錄檔內。

第二十一章

除錯

當您除錯時，應該要能辨識不同種類的錯誤以加速找出它們的過程：

- **語法錯誤**（*syntax error*）是由解譯器在轉譯原始碼為位元組碼的過程中發現的。它們會指出程式的結構發生了某些問題。範例：在函數區塊的最後忘了放 `end` 關鍵字會產生有點多餘的訊息：`ERROR: LoadError: syntax: incomplete: function requires end`。

- **執行錯誤**（*runtime error*）是在程式執行時由解譯器所產生的。大部份的執行錯誤訊息都包含錯誤發生的位置以及正在執行的函數名稱。範例：無窮遞迴最終一定會產生執行錯誤 `ERROR: StackOverflowError`。

- **語意錯誤**（*semantic error*）是執行時不會產生錯誤訊息但卻沒有把事情做對的錯誤。範例：運算式可能沒有依您所預期的順序進行賦值而導致錯誤。

除錯的第一步是確認您所要處理的是哪一種錯誤。雖然後面的小節是以錯誤類型來編寫，有些技巧可以適用於多種狀況。

語法錯誤

當您找出語法錯誤時，一般是很容易改正的。不幸的是，錯誤訊息經常是沒什麼用的。最常出現的訊息是 `ERROR: LoadError: syntax: incomplete: premature end of input` 以及 `ERROR: LoadError: syntax: unexpected "="`，兩者所提供的資訊都很有限。

另一方面，這些訊息的確還是能告訴您錯誤發生的位置。事實上，它告訴您的是 Julia 在什麼地方注意到問題發生了，而那裏並不一定是錯誤發生的地方。有時錯誤出現在錯誤訊息之前，經常是在前一行。

如果您是用漸增的方式來建立程式，您應該比較能知道錯誤發生的位置。它就在您所加入的最後一行程式。

如果您從一本書中複製程式碼，要先小心的比較您的程式碼和書中的程式碼。仔細的檢查每一個字元。同時要記住書也可能出錯，所以如果您看到出現語法錯誤時，可能書真的有錯。

以下是用來避免常見語法錯誤的一些作法：

1. 確保不要使用 Julia 關鍵字作為變數名稱。
2. 檢查在所有複合敘述（包括 `for`、`while`、`if`、和函數區塊）的尾端是否有加上 `end` 關鍵字。
3. 確保所有的字串都有被一對引號所包圍。確保所有的引號都是 " 直引號 " 而非 “彎引號”。=
4. 如果您使用三引號來包括多行字串，確保您有正確的結束這些字串。沒有正確結尾的字串會在程式結尾導致符記錯誤，或者編譯器會把碰到下一個字串前的內容都看作字串的一部份。如果是第二種情況，根本不會有錯誤訊息產生！
5. 只有開始括號—(、{、或 [—會讓 Julia 認為下一行還是目前敘述的一部份。一般來說，幾乎就會在下一行產生錯誤。
6. 檢查條件式中是否用了 `=` 而不是 `==`。
7. 如果您在程式碼（包括字串和註解）中用了非 ASCII 字元，可能也會產生錯誤，即使一般而言 Julia 是可以處理非 ASCII 字元的。當您從網頁或其他來源複製文本時要小心。

如果以上的建議都沒用，繼續往下一節前進吧…

我一直改程式不過沒用

如果 REPL 說有一個錯誤但您卻看不出來時，可能是因為您和 REPL 看的不是同一段程式碼。檢查您的程式開發環境以確定您正在編輯的程式也是 Julia 想要執行的程式。

如果您還是不確定，試著在程式開頭加入一個明顯而且蓄意的語法錯誤。現在再執行一次。如果 REPL 沒有找出這個新的錯誤，那麼它並不是在執行您所編輯的程式。

還有幾個可能的肇事者：

- 您編輯了檔案卻忘了在執行前將它存檔。有些程式設計環境會自動幫忙存檔，但有些不會。
- 您改過檔案的名稱，但您還是在執行舊檔。
- 您的開發環境設定錯誤。
- 如果您正在撰寫模組且使用了 `using`，確定您沒有把模組命名為 Julia 的標準模組相同的名稱。
- 如果您使用 `using` 來匯入模組，記得在您更動模組的程式碼時要重新啟動 REPL。如果您只是重新匯入模組，它不會做什麼改變的。

如果您困住了而且找不出原因，一個作法是建立一個像“Hello, World!”一樣簡單的程式再看看它能否正確執行。然後再一部份一部份的將您原來的程式加進去。

執行錯誤

如果您的程式語法正確，Julia 就可以讀取它並開始執行它。還會出什麼錯呢？

我的程式什麼都沒做

這個問題常發生在您的檔案內包含了函數和類別，卻沒有真的去呼叫函數來開始執行。這可能是刻意的，因為您可能只是想要匯入這個模組來提供函數和類別。

但如果不是刻意這麼做，那要確定程式中至少會有一個函數呼叫，而且執行流程會到達這個函數呼叫（參見第 275 頁的“執行流程”小節）。

我的程式掛掉了

如果程式停住了而且看來什麼都沒在做，我們說它“掛掉了”。這常常代表程式陷入無窮迴圈或無窮遞迴。以下是幫您識別問題的一些秘訣：

- 如果您懷疑有個特定迴圈是罪魁禍首，在迴圈前加上一個列印敘述印出“進入迴圈”，並且在迴圈後面加上一個列印敘述印出“離開迴圈”。

執行這個程式。如果您看到第一個訊息卻沒看到第二個訊息，那您的程式已經進入無窮迴圈了。請見下方的“無窮迴圈”小節。

- 在多數情況下，無窮遞迴會讓程式執行一段時間後製造出錯誤訊息 `ERROR: LoadError: StackOverflowError`。如果這種情況發生，請見下方的“無窮遞迴”小節。

  如果您沒有得到這個錯誤卻還是懷疑問題出在某一個遞迴方法或函數，您還是可以使用本節所介紹的技巧來除錯。

- 如果這些步驟都沒用，開始去測試其他的迴圈以及其他的遞迴函數和方法。

- 如果還是沒用，那麼您可能並沒有完全瞭解程式的執行流程。請跳到第 275 頁的“執行流程”小節。

無窮迴圈

當您認為已經找到無窮迴圈時，在迴圈的尾端加入一個列印敘述來印出條件式中的變數值和條件式的值。

例如：

```
while x > 0 && y < 0
    # do something to x
    # do something to y
    @debug "variables" x y
    @debug "condition" x > 0 && y < 0
end
```

現在當您在除錯模式下執行程式時，在每次執行迴圈時都可以看到變數和條件式的值。最後一次執行迴圈時，條件式的值應該是 `false`。如果迴圈持續執行，您可以看到 `x` 和 `y` 的值，然後應該就可以看出為何它們沒有正確的更新它們的值。

無窮遞迴

如果您懷疑某個函數導致了無窮遞迴，首先要確定它包含了一個基底案例。應該會有某個條件可以導致函數返回而不再進行遞迴呼叫。如果沒有，您必須重新思考您的演算法並指明一個基底案例。

如果存在一個基底案例但程式沒有辦法到達那裏，在函數的開頭加上一行列印敘述來印出參數的值。現在當您執行程式時，每次呼叫這函數時會看到參數的值。如果參數並沒有正確的往基底案例靠近時，您就應該可以透過這些值對它的原因有些想法了。

執行流程

如果您不確定程式的執行流程是怎麼流動的，在每個函數前加上列印敘述印出像"進入函數 *foo*"這樣的訊息，其中 *foo* 是函數的名稱。

現在當您執行程式時，它會印出函數呼叫的軌跡。

當我執行程式時會得到例外

如果在執行程式時發生問題，Julia 會印出訊息，內容包含例外的名稱、問題發生的行數、以及堆疊追蹤。

堆疊追蹤會指出目前正在執行的函數，還有呼叫它的函數，以及呼叫後者的函數，依此類推。也就是說，它會一路追蹤函數呼叫的過程以及它們是在第幾行發出這些呼叫的。

第一步是檢查程式出問題的地方，看看是否能找出問題所在。以下是幾種最常見的執行錯誤：

`ArgumentError`

函數呼叫時一個引數的狀態不如預期。

`BoundsError`

對陣列進行索引運算時想要存取超出索引範圍的元素。

`DivideError`

進行整數除法時分母為 0。

`DomainError`

函數或建構子的引數超出正確的值域範圍。

`EOFError`

檔案或串流已經沒有資料可供讀取。

`InexactError`

這個值無法精確的轉換為某一型別。

`KeyError`

對類似 `AbstractDict`（`Dict`）或集合的物件進行索引運算時，試圖存取或刪除不存在的元素。

`MethodError`

具有特定型別簽名的方法並不存在於泛型函數中。另一種說法是沒有一個唯一的最特定方法。

`OutOfMemoryError`

某個運算配置了過多記憶體，使系統或垃圾收集器無法正常處理。

`OverflowError`

運算式的結果過大，使用某特定型別無法完整表達其值而產生環繞（wraparound，也就是只能表達較低位元的值）。

`StackOverflowError`

函數呼叫的成長超過呼叫堆疊的大小。這個錯誤通常出現在發生無窮遞迴時。

`StringIndexError`

試圖以不正確的索引來存取字串時所發生的錯誤。

`SystemError`

系統呼叫失敗並傳回錯誤碼。

`TypeError`

發生型別判定失敗或以不正確的引數型別呼叫內在函數。

`UndefVarError`

目前範疇中的一個符號並未被定義。

我加了太多 print 敘述而被輸出淹沒了

用列印敘述來除錯的問題之一是您最終會被輸出所掩埋。有兩種處理方式：簡化輸出或簡化程式。

要簡化輸出，您可以將無用的列印敘述移除或變成註解，或將列印敘述加以組合，或將輸出重新整理以便於閱讀。

要簡化程式您可以這樣做。首先是將程式要處理的問題變小。例如，如果您正在搜尋串列時，用比較小的串列來搜尋。如果程式是由使用者那裏接受輸入，請給它會導致問題的最簡單輸入。

其次，清理您的程式。移除無效程式碼並重新組織程式以讓它盡可能易於閱讀。例如，假設您懷疑問題出在程式中的一個深度巢狀的部份，試著用較簡單的結構來重寫它。如果您懷疑問題出在一個大函數，試著將它切成較小的函數並分別測試它們。

藉由找出最小測試案例的過程常可以讓您找到臭蟲。如果您發現程式在某個狀況下有用但對另一個狀況沒用時，您會對程式為何會如此有些線索。

同樣的，重寫一段程式碼可以幫您找到隱晦的臭蟲。如果您改了一個您認為不會影響程式運作的地方，但它卻對程式產生影響，您應該可以從中得到一些提示。

語意錯誤

在某些層面上，語意錯誤是最難找出來的錯誤，因為解譯器不會告訴您出了什麼問題。只有您才知道程式應該要做什麼。

第一步是將程式內容和您所觀察到的表現做出連結。您必須對程式的真實表現作出假說。不過這很難，因為電腦執行速度很快。

您會常常希望電腦可以慢到和人的速度一樣。試著在適當位置放置一些列印敘述，這會比架設一個除錯器、加入與刪除斷點、並以“逐步”執行方式到達錯誤所發生的位置更快。

我的程式沒有做對事情

問自己下列問題：

- 有沒有什麼程式應該做但卻沒有發生的事？找出執行那個功能的程式碼片段並確認它在該執行時有被執行。
- 有沒有不該發生卻發生的事？找出執行那個功能的程式碼片段並確認它是否在不該執行時卻有被執行。
- 是否有一個程式碼片段產出的效果不如預期？確認您瞭解出問題的程式碼，尤其是當它涉及其他 Julia 模組裏的函數或方法時。閱讀您所呼叫的函數的說明文件。用簡單的測試案例來測試它們。

在進行程式設計時，您需要程式運作的心智模型。如果您寫了一個程式卻發現它表現不如預期，常常問題不在程式身上，而在於您的心智模型。

修正您的心智模型的最好方式是將程式依照它的元件（通常是函數和方法）進行切割，並分別測試每一個元件。一旦您找出您的模型和實際表現間的差別，就可以解決問題。

當然在發展程式時您應該已經對它的元件進行測試了。所以發生問題時應該只剩下一小部份新的程式碼還需要測試。

我有一長串運算式但它的結果不如我的預期

複雜的運算式如果可讀性還是很高的話是沒有問題的，不過它可能很難除錯。將複雜的運算式分成一系列使用暫時變數的指定敘述會是一個好主意。

例如以下這個運算式：

```
addcard(game.hands[i], popcard(game.hands[findneighbor(game, i)]))
```

可以重寫為：

```
neighbor = findneighbor(game, i)
pickedcard = popcard(game.hands[neighbor])
addcard(game.hands[i], pickedcard)
```

後者比較容易閱讀，因為變數名稱可以提供額外的說明。它也比較容易除錯，因為您可以檢查這些暫時變數的型別和顯示它們的值。

複雜運算式的另一個問題是它的賦值順序可能和您的預期不同。例如，如果您將運算式 $\frac{x}{2\pi}$ 轉譯為 Julia，您可能會這麼寫：

```
y = x / 2 * π
```

這樣是不對的，因為乘法和除法具有同樣的優先順序而且是由左到右來進行賦值。所以這個運算式會計算 $\frac{x\pi}{2}$。

對運算式進行除錯的好方法是加上括號來指明賦值順序：

```
y = x / (2 * π)
```

當您不確定賦值的順序時，就使用括號吧。這樣不但會使程式正確（在此指符合您所預期的），也可以讓那些不熟悉運算順序的人更容易瞭解這個運算式。

我的函數的傳回值不是我要的

如果您的 return 敘述中有一個複雜的運算式，您不會有機會在回傳前印出它的結果。這時您可以再一次使用暫時變數。例如，不要用：

```
return removematches(game.hands[i])
```

而是寫成：

```
count = removematches(game.hands[i])
return count
```

現在您有機會在傳回前印出 count 的值了。

我真的困住了，救我

首先離開電腦幾分鐘。和電腦一起工作會導致下列症狀：

- 沮喪和暴怒。
- 迷信（"電腦討厭我"）和荒誕的想法（"只要當我把帽子反戴時程式才會正常運作"）。
- 隨機漫步程式設計（企圖將所有可能程式都寫好再從中挑選執行結果正確的）

如果您發現您受到上述症狀困擾時，起身去散散步吧。平靜下來後，思考一下程式。它在做什麼？導致那種表現的可能原因是什麼？上次正常執行是什麼時候，接著您又做了什麼？

有時要找出臭蟲是很花時間的。我常在離開電腦並讓我的大腦放空時找到臭蟲。找到臭蟲的好時機包括在火車上、沖澡時、以及睡著前。

還是不行！救救我吧！

總是會有這種狀況發生的。即使是最好的程式設計師有時也會卡住。有時您寫一個程式太久了會讓您看不出錯誤在哪裏。您需要別人來幫忙看。

在把別人帶進來前，先確定您已經準備好了。您的程式應該要愈簡單愈好，而且應該使用會導致問題的最小輸入。您應該要在適當的位置放入列印敘述（而且它們的輸出應該是好懂的）。您也應該能清楚的瞭解問題並能精簡的進行描述。

當您請別人幫忙時，務必要給他們需要的資訊：

- 如果有錯誤訊息的話，它是什麼？它發生在程式的什麼地方？
- 發生錯誤前您所做的最後一件事是什麼？所寫的最後一行程式是什麼？或是產生錯誤的新測試案例是什麼？
- 到目前為止您嘗試了什麼？又從中學到什麼？

當您找到臭蟲後，花點時間思考下次怎麼更快的找到它。這樣當下次遇到類似的錯誤時，就可以更快的找到那臭蟲。

請記住，我們的目標不只是要讓程式可以運作，而是要學到如何讓程式運作。

輸入萬國碼

下表列出部份在 Julia REPL（以及多種其他編輯環境）中可以用定位字元完成的萬國碼字元的類 LaTeX 縮寫。

字元	定位字元完成序列	ASCII 表示法
^{2}	\^2	
$_1$	_1	
$_2$	_2	
🍎	\:apple:	
🍌	\:banana:	
🐫	\:camel:	
🍐	\:pear:	
🐢	\:turtle:	
∩	\cap	
≡	\equiv	===
ℯ	\euler	
∈	\in	in
≥	\ge	>=
≤	\le	<=
≠	\ne	!=
∉	\notin	
π	\pi	pi
⊆	\subseteq	
ε	\varepsilon	

附錄 B

JuliaBox

JuliaBox 讓您可以在瀏覽器中執行 Julia。輸入網址 *https://www.juliabox.com*，登入後就可以開始使用 Jupyter 環境。

初始畫面如圖 B-1 所示。new 按鈕讓您可以建立一個 Julia 筆記本、文字檔、資料夾、或終端機對談。

在終端機對談中，`Julia` 命令會開啟 REPL，如圖 B-2 所示。

筆記本介面讓您可以混合以 Markdown 標記的文字和程式碼以及它的輸出。圖 B-3 展示了一個範例。

更多的文件說明可以在 Jupyter 網站（*http://jupyter.org/documentation*）上找到。

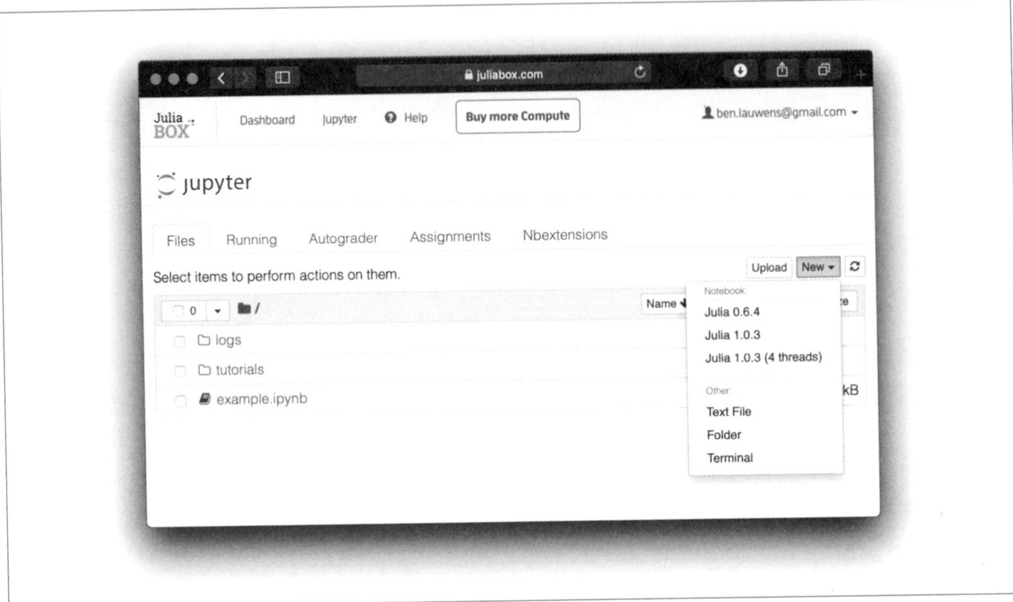

圖 B-1　初始畫面

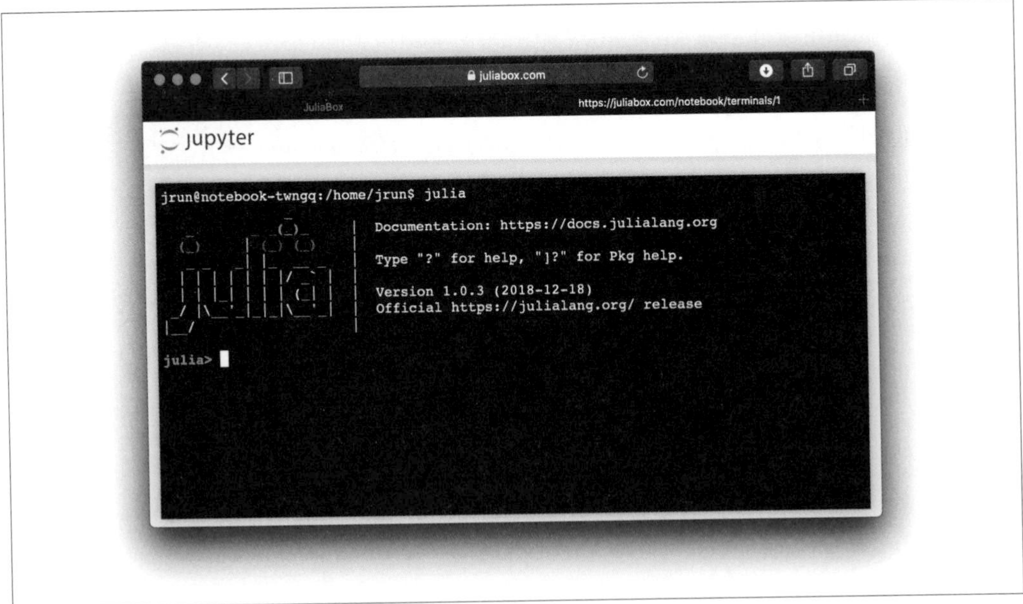

圖 B-2　終端機對談

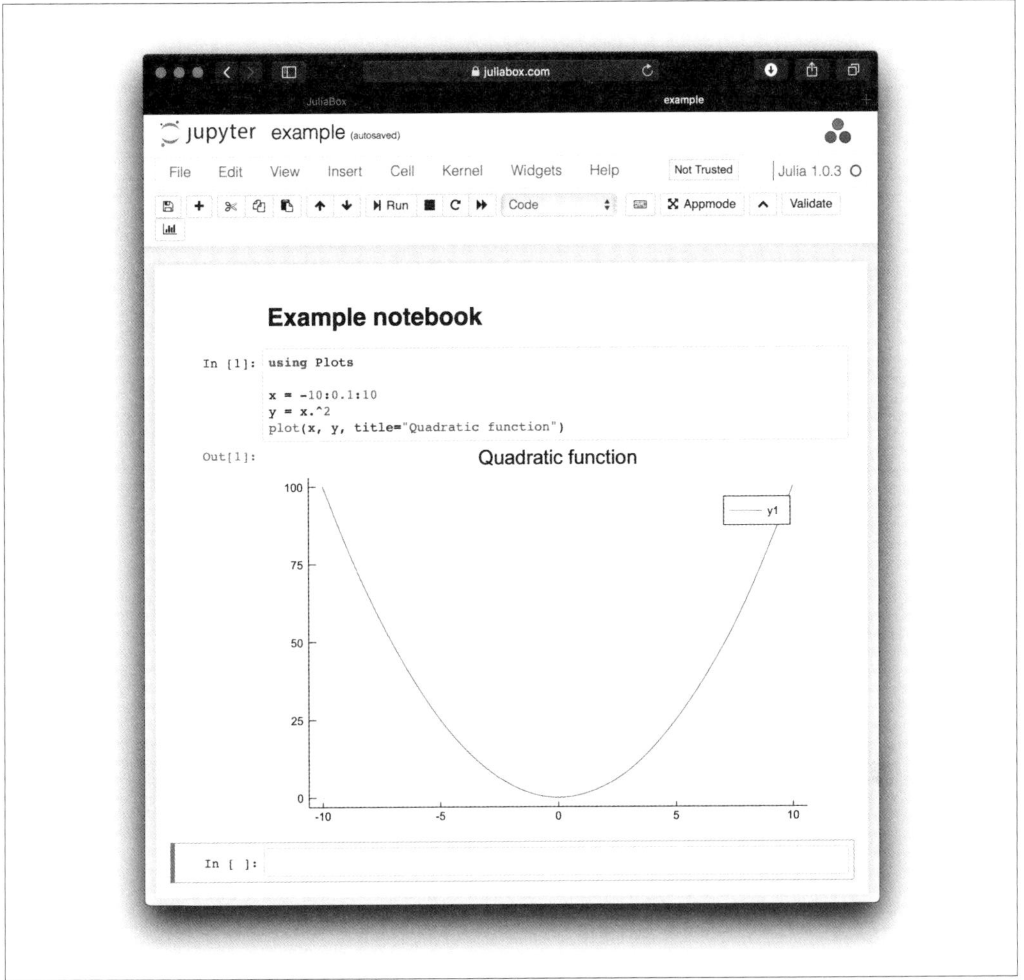
juliabox.com
JuliaBox
example
jupyter example (autosaved)
File Edit View Insert Cell Kernel Widgets Help
Not Trusted
Julia 1.0.3
Run
Code
Appmode
Validate
Example notebook
In [1]: using Plots
x = -10:0.1:10
y = x.^2
plot(x, y, title="Quadratic function")
Out[1]:
Quadratic function
y1
In [ ]:

圖 B-3 筆記本

索引

※ 提醒您： 由於翻譯書排版的關係，部分索引名詞的對應頁碼會和實際頁碼有一頁之差。

符號

A

B

C

D

E

F

G

H

I

M

N

O

P

Q

R

S

T

U

V

W

Z

關於作者

Ben Lauwens 為比利時皇家軍事學院數學教授，他是比利時魯汶大學工程博士與魯汶大學、皇家軍事學院雙碩士。

Allen B. Downey 為奧林工學院電腦科學教授。他也在衛斯理學院、科比學院、與加州大學柏克萊分校任教。艾倫為加州大學柏克萊分校博士與麻省理工學院碩士。

出版記事

本書封面中的動物是雪鴞（snowy owl，學名 *Bubo scandiacus*），一種生活在北美和歐亞大陸北極圈凍原的猛禽。夏季時會到低緯度區過冬，經常會在美國的北方刮風的原野或海岸沙丘看到它們。牠的重量大約四磅，是北美洲最大的貓頭鷹。

雪鴞獨特的黃色眼睛和黑色的喙使得它極易辨認。雌鴞的羽毛終生都是條紋棕色，但雄性在成熟後會變成蒼白色。

不同於其他的貓頭鷹，雪鴞是在白天獵食，牠們會採取從高處往下俯衝或低飛的方式獵食。一隻雪鴞一年可以吃掉 1,600 隻旅鼠，還會在旅鼠群附近築巢。雖然雪鴞好像比較喜歡旅鼠，但牠們吃其他的嚙齒動物，有時也吃魚類和其他的鳥類。

許多讀者已經認識嘿美（Hedwig），牠大概是 21 世紀最有名的雪鴞了（雖然是幻想的）。牠在《哈利波特》系列中是哈利的高貴寵物和信差。

雪鴞目前的保育狀態在 2017 年提升到易危等級，當時大約只有 28,000 隻野生雪鴞。歐萊禮的許多書都是以瀕危動物作封面。它們對這世界都很重要。

本書封面插圖是由 Karen Montgomery 所繪。

Think Julia｜如何像電腦科學家一樣思考

作　　者：Ben Lauwens, Allen B. Downey
譯　　者：楊新章
企劃編輯：蔡彤孟
文字編輯：詹祐甯
設計裝幀：陶相騰
發 行 人：廖文良

發 行 所：碁峰資訊股份有限公司
地　　址：台北市南港區三重路 66 號 7 樓之 6
電　　話：(02)2788-2408
傳　　真：(02)8192-4433
網　　站：www.gotop.com.tw
書　　號：A608
版　　次：2019 年 10 月初版
建議售價：NT$520

商標聲明：本書所引用之國內外公司各商標、商品名稱、網站畫面，其權利分屬合法註冊公司所有，絕無侵權之意，特此聲明。

版權聲明：本著作物內容僅授權合法持有本書之讀者學習所用，非經本書作者或碁峰資訊股份有限公司正式授權，不得以任何形式複製、抄襲、轉載或透過網路散佈其內容。
版權所有 ● 翻印必究

國家圖書館出版品預行編目資料

Think Julia：如何像電腦科學家一樣思考 / Ben Lauwens, Allen B. Downey 原著；楊新章譯. -- 初版. -- 臺北市：碁峰資訊, 2019.10
面；　公分
譯自：Think Julia: how to think like a computer scientist
ISBN 978-986-502-300-3 (平裝)
1.Julia(電腦程式語言)
312.32J8　　108016231

讀者服務

- 感謝您購買碁峰圖書，如果您對本書的內容或表達上有不清楚的地方或其他建議，請至碁峰網站：「聯絡我們」\「圖書問題」留下您所購買之書籍及問題。(請註明購買書籍之書號及書名，以及問題頁數，以便能儘快為您處理）
http://www.gotop.com.tw
- 售後服務僅限書籍本身內容，若是軟、硬體問題，請您直接與軟體廠商聯絡。
- 若於購買書籍後發現有破損、缺頁、裝訂錯誤之問題，請直接將書寄回更換，並註明您的姓名、連絡電話及地址，將有專人與您連絡補寄商品。